ANNÉE   5 Mars 1925

LA FORMATION PROFESSIONNELLE

TECHNIQUE ET ARTISTIQUE

= ORGANE BI-MENSUEL DE L'ASSOCIATION FRANÇAISE POUR LE DÉVELOPPEMENT DE L'ENSEIGNEMENT TECHNIQUE=

LA TAXE D'APPRENTISSAGE

N° 99   Le N° 3 fr.

SIÈGE DE L'ASSOCIATION
101, Boulevard Raspail
PARIS (VI°)

RÉDACTION DE LA REVUE
81, Rue de Bourgogne
PARIS (VII°)

TABLE DES MATIÈRES

INSTRUMENTS & FOURNTURES pour INGENIEURS

Envoi franco
du
Catalogue

H. Morin

CONSTRUCTEUR
11, Rue Dulong, 11
PARIS (17e)

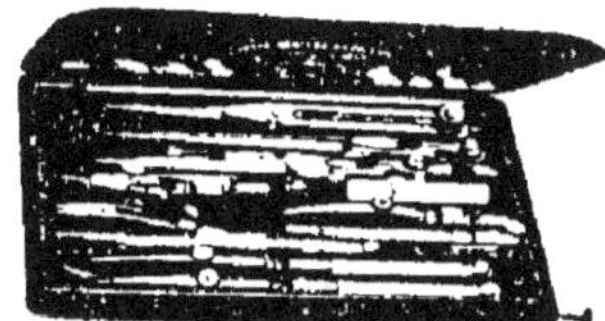

COMPAS H. MORIN

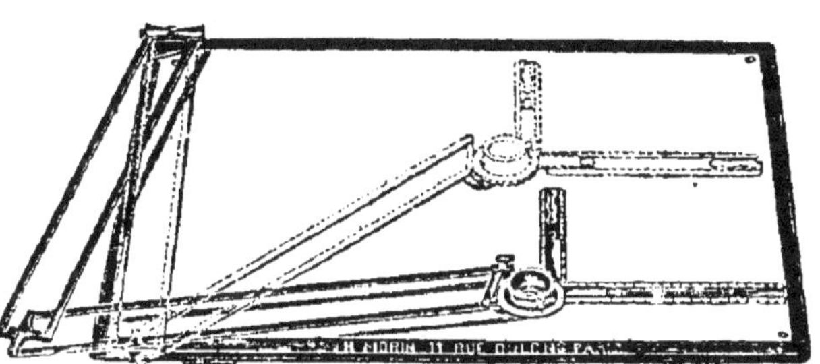

DESSINATEUR UNIVERSEL

ENREGISTREUR GUEUGNON

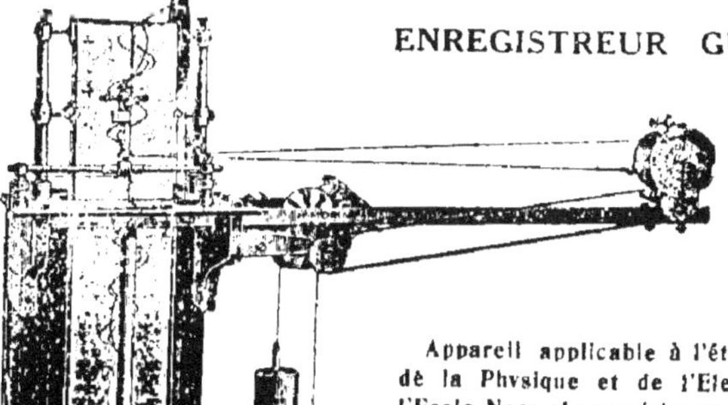

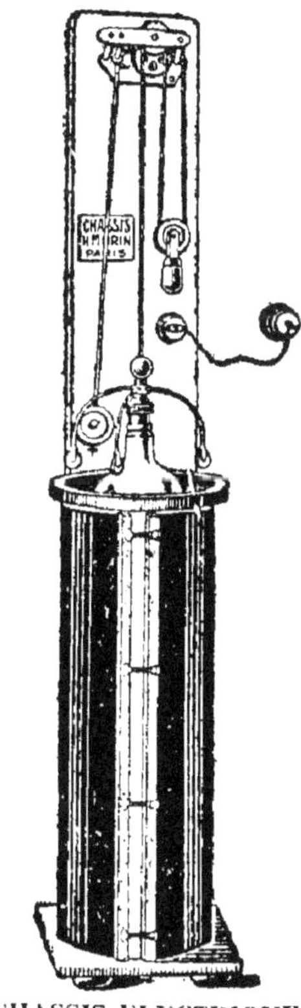

Appareil applicable à l'étude de la Mécanique, de la Physique et de l'Electricité, adopté par l'Ecole Normale supérieure, les Ecoles nationales d'Arts et Métiers et cinquante Ecoles techniques françaises ; absolument indispensable dans tout laboratoire de physique.

Un superbe Album Illustré avec reproduction de quelques diagrammes obtenus sur l'Enregistreur Gueugnon est envoyé franco surdemande

CHASSIS ELECTRIQUE
H. MORIN

la formation professionnelle

Organe bi-mensuel
de l'Association française
pour le développement
de l'Enseignement technique

NUMÉRO 99   5 MARS 1925

La Taxe d'Apprentissage

« Sur le principe d'une taxe d'apprentissage, a dit à la Chambre M. DE MORO-GIAFFERRI, tout le monde était d'accord. Commerçants, industriels, n'ont pas cessé de dire avec nous que la crise de l'apprentissage était particulièrement dangereuse, qu'elle risquait d'être mortelle pour notre pays et que l'on ne saurait trop activement intervenir dans ce domaine, le meilleur moyen d'économiser étant souvent d'encourager la production...

« C'est à partir du moment où nous devions établir les modalités que la discussion commença ».

Le Sous-Secrétaire d'Etat à l'Enseignement technique avait raison : l'idée de la taxe d'apprentissage n'est pas née d'hier — et n'a jamais paru subversive.

Quand M. Jules COUTANT a déposé pour la première fois, il y a quelque quinze ans, une proposition tendant à l'institution de cette taxe ; quand M. Constant VERLOT l'a reprise en 1913, alors qu'on n'avait pas encore voté la loi Astier et qu'on pouvait se demander non sans raison comment le produit de cette taxe pourrait être raisonnablement utilisé puisqu'il n'y avait pas d'organisation générale de l'apprentissage, est-ce qu'on a protesté quelque part contre ces initiatives ? En aucune façon.

Avec le vote de la loi Astier, l'idée de la taxe d'apprentissage ne pouvait que paraître plus encore justifiée.

En effet, l'institution des cours professionnels par le titre V de la loi comportant pour les communes l'organisation des commissions locales professionnelles, et surtout l'obligation édictée à l'article 47 de créer des cours nécessaires là où ils n'existent pas, entraîne la recherche de ressources qui, dans l'esprit du législateur, doivent être trouvées en majeure partie dans des subventions de l'État.

Dès lors l'État ne peut remplir entièrement son rôle que s'il dispose de crédits suffisants pour assurer une large diffusion des œuvres d'apprentissage.

C'est dans ces conditions que M. VERLOT, en collaboration avec M. CARRÉ-BONVALET, reprend à nouveau sa proposition de taxe d'apprentissage.

Et les *Compagnons*, dans la campagne ardente qu'ils mènent en 1919 pour l'*Université nouvelle*, réclament par la plume de l'un d'eux qui est aussi l'un des nôtres, M. A.-L. BITTARD, à la fois *l'obligation* de l'enseignement technique et de l'apprentissage, et, comme corollaire, la taxe d'apprentissage :

Nous entendons bien que les patrons qui ne formeront pas d'apprentis ne seront pas grevés de cette servitude légale (l'obligation), et qu'il en résultera dans son application une inégalité entre les employeurs. Cela encore a été prévu et ici nous avons pour ce problème une solution déjà formulée dans la proposition de loi de MM. VERLOT et CARRÉ-BONVALET : c'est la taxe d'apprentissage. Les patrons qui ne se chargeront d'aucun apprenti payeront une taxe dite de remplacement, calculée sur les données des Chambres de Commerce ou de Métiers et d'après le nombre approximatif d'apprentis nécessaires à chaque profession dans la région. En quelque sorte, on dira aux employeurs : « Vous ne voulez point accepter votre part de cette charge, éminemment corporative, qui consiste à pourvoir à l'avenir de votre profession par la préparation d'un ou plusieurs apprentis ? Soit. Alors, vous paierez pour que d'autres — État, organisations économiques, patrons — s'en chargent à votre place. » Et l'on aura de la sorte une partie des ressources nécessaires à l'organisation de cette formation professionnelle indispensable au développement normal de notre pays.

On en est à ce moment-là à la concession d'une imposition additionnelle au principal de la contribution des patentes (10 centimes additionnels au maximum) perçue pour le service des chambres de commerce ou des chambres de métiers chargées d'organiser les cours professionnels.

*

*　*

La question, bien entendu, est étudiée au Congrès de l'Apprentissage, organisé par notre Association, et tenu à Lyon les 12, 13, 14 et 15 octobre 1921.

C'est la section 7 (*Budget de l'Apprentissage*) qui s'en occupe, sous la présidence de M. EVEN, député des Côtes-du-Nord. M. PONDEVEAUX en est le rapporteur. De nombreuses réponses ont été faites au questionnaire en ce qui concerne ce point particulier. Le rapporteur les résume ainsi :

En résumé :

Sur la modalité de l'impôt, la majorité se prononce pour une imposition additionnelle au principe de la contribution des patentes.

Mais cette préférence paraît avoir pour base la méfiance à l'égard de l'aléa que pourrait présenter l'impôt sur les bénéfices industriels et commerciaux qui, à beaucoup, ne semble pas encore assis, et une certaine hostilité contre cet impôt, hostilité qui sera injustifiée en face d'une perception adroitement confiante et d'un consentement loyal. Et une forte minorité le préfère nettement.

Les suggestions à côté ou en dehors de ces deux impôts portent sur l'utilité de l'intervention des Chambres de Commerce, sur les subventions et, en ce qui concerne le contribuable, s'adressent les unes aux seuls industriels bénéficiaires directs de l'apprentissage, d'autres à la masse qui en bénéficie dans son ensemble, d'autres à des taxes ou surtaxes à objectifs souvent spéciaux (alcools, ouvriers étrangers, rentiers, pari mutuel, etc.).

La majoration de la taxe pour le défaillant, pour le réfractaire au devoir de former des apprentis, est généralement acceptée, souvent avec vigueur, quelquefois aussi avec réserves, notamment sous la forme d'un dégrèvement pour les bonnes volontés ; mais et avec avis motivé, beaucoup l'estiment injuste, d'autres inopérante, et d'autres même inutile.

En dehors de l'impôt et des subventions, nous voyons proposer notamment la perception de droits d'examen, des bourses d'apprentissage remboursables, les cotisations supplémentaires aux Chambres syndicales. Et, il faut faire loi à la bonne volonté du patron favorisée par les garanties légales données au lien de l'apprentissage et à la générosité de tous ceux qui suivent et aiment les œuvres d'intérêt général et national.

Et si la Chambre de Métiers d'Alsace et de Lorraine, assise sur une législation déjà adulte, a pu vivre sur un budget régulier, dont le principal aliment est l'impôt, la Chambre de Métiers de la Gironde et du Sud-Ouest paraît être nourrie par ses adhérents et ses amis.

Comme conclusion, le Congrès adopte les vœux suivants :

1° *Que soient adoptées les dispositions prévues à l'article 23 du projet* VERLOT *sur l'imposition additionnelle au principal des patentes ;*

2° *Que soit adopté le principe d'une majoration des taxes pour les défaillants ;*

3° *Que soit laissé aux Chambres de Métiers le soin de fixer le taux de la majoration et la manière dont elle sera calculée ;*

4° *Que soit adopté le principe d'une taxe à payer par l'employeur sur les ouvriers étrangers qu'il occupe, sous réserve d'un traitement spécial pour les nations amies qui auront des conventions spéciales avec la France.*

*
* *

Deux ans plus tard, sous la précédente législature, on reparle de la taxe d'apprentissage.

On en a reparlé d'abord au Conseil supérieur de l'Enseignement technique, dont la session de mars 1923 était consacrée à l'examen des projets relatifs à l'organisation de l'apprentissage. Des discussions il ressort que l'application de la loi Astier ne pourra être effective que si l'on crée les ressources nécessaires qui, ne pouvant être demandées ni au budget de l'Etat, ni aux budgets locaux, devront provenir d'une taxe d'apprentissage.

D'autre part, un homme qui est un modéré, qui appartient au monde industriel, qui était même alors l'un des représentants les plus écoutés des Chambres de Commerce, M. Emile MAROT, député et membre de notre Association, rapportant, au nom de la Commission de l'Enseignement, la proposition de M. VERLOT sur les Chambres de Métiers et sur les ressources permettant de rénover l'apprentissage, écrit ceci :

Quelles sont les ressources financières que nous pourrons mettre à la disposition des Chambres de Métiers pour l'accomplissement du rôle que nous leur assignons ?

Il ne fallait pas songer à mettre à la charge des budgets de l'Etat et des départements des dépenses qui seront plus particulièrement utiles à une partie de la population.

D'autre part, les budgets des villes sont lourdement grevés par les frais considérables qu'entraînent l'installation et l'entretien des cours professionnels que la loi Astier met à la charge des communes.

Il a paru logique d'imposer ceux qui sont appelés à bénéficier de cette loi : nous voulons parler des patentés auxquels la Chambre d'apprentissage permettra le recrutement de collaborateurs qualifiés.

Il est donc pourvu aux dépenses des Chambres de Métiers au moyen d'une imposition additionnelle au principal fictif de la contribution des patentes, imposition qui sera perçue sous le nom de taxe d'apprentissage sur toutes les professions industrielles et commerciales.

Ces conclusions ne vinrent jamais en discussion devant la Chambre. La législature se termina sans qu'on ait pu s'occuper de la taxe d'apprentissage, ni même des Chambres de Métiers.

*
* *

Depuis d'ailleurs, on a montré moins d'empressement pour la création des Chambres de Métiers. On a reconnu que la formule n'était peut-être pas la meilleure. On a préféré, certains les

« Chambres d'apprentissage », certains autres, plus simplement, les « Commissions d'apprentissage ». Mais l'on ne s'en est pas moins demandé ce que pourrait être le développement des œuvres de formation professionnelle, si, indépendamment du choix des organes chargés de leur gestion, on ne se préoccupait pas, d'abord, avant tout, de créer les ressources sans lesquelles rien d'utile ne peut être tenté.

C'est ainsi que M. Locquin, dans le rapport qu'il a consacré au budget de l'Enseignement technique, après avoir tracé un vaste plan d'extension des écoles et des cours professionnels, a été amené, nécessairement, à poser la question des subsides :

La réalisation du programme d'extension mûrement étudié que nous venons d'exposer exigerait une somme totale de 173.857.000 fr.

Ce crédit serait, comme nous l'avons dit, réparti sur cinq exercices et il y aurait lieu d'en inscrire au budget de 1925 la première annuité, soit 34.778.600 fr.

Comment, dans les difficultés financières que nous traversons, peut-on se procurer les ressources annuelles nécessaires, sans grever le budget ? Le moyen que vous proposent le Gouvernement et la Commission des Finances est l'institution d'une taxe d'apprentissage.

*
* *

La création de ressources rentre, par essence, dans les attributions du Gouvernement. C'est donc au Ministre des Finances et au Sous-Secrétaire d'Etat de l'Enseignement technique qu'il appartenait de saisir les Chambres de l'institution de la taxe d'apprentissage.

Celle-ci fit l'objet de l'article 18 du projet de loi portant fixation des recettes du budget général de l'exercice 1925.

Examiné par la commission du Budget ce projet fut, on le sait, largement modifié. L'article 18, notamment, devint d'abord l'article 24, puis l'article 23 de la loi de finances. Son texte subit divers changements et fut, finalement, présenté à la Chambre sous la forme suivante :

Art. 23 (ancien 24). — Toute personne ou société exerçant une profession industrielle ou commerciale ou se livrant à l'exploitation minière est assujettie à une taxe pour le développement de l'enseignement technique et d'apprentissage.

Cette taxe, dont le produit est rattaché au budget de l'Etat, est fixée à un demi p. 100 du montant total des appointements, salaires et toutes rétributions en espèces payés pendant l'année précédente par le chef d'entreprise.

Ne seront pas considérées comme chefs d'entreprise, aux termes du présent article, et ne seront pas soumises à la taxe, les personnes énumérées à l'article 10 de la loi du 30 juin 1923, qui ne sont pas assujetties à l'impôt sur les bénéfices industriels et commerciaux, non plus que les chefs d'entreprise occupant moins de six ouvriers et employés au-dessus de dix-huit ans, en dehors des membres de la famille, femme, enfants, ascendants, frères ou sœurs.

Des exonérations partielles, après avis du Comité départemental, peuvent en outre être accordées aux personnes et sociétés imposables en considération des dispositions qu'elles prennent en vue de favoriser l'enseignement technique et l'apprentissage.

Des majorations dont le taux ne pourra pas dépasser le montant en principal de la taxe pourront être imposées aux personnes qui se seront soustraites aux charges de l'apprentissage.

La taxe est due pour l'année entière par les personnes et sociétés imposables le 1er janvier ; elle est établie et recouvrée; les réclamations sont instruites et jugées comme en matière de contributions directes.

Les états-matrices sont dressés par les Comités départementaux de l'Enseignement technique, d'après les renseignements qui leur sont fournis annuellement par les chefs d'entreprises.

Un règlement d'administration publique fixera les conditions d'application des présentes dispositions, qui entreront en vigueur le 1er janvier 1925.

La présente disposition est applicable à l'Algérie et aux colonies.

Dans le rapport général sur les recettes de M. Maurice VIOLLETTE, rapporteur général du budget, le nouvel article était commenté de la façon suivante, au nom de la Commission des Finances :

Le but de ce texte est de donner à l'enseignement technique la possibilité de se développer.

Partout on demande de nouvelles écoles : les cours de préapprentissage ne demandent qu'à se multiplier, mais les crédits manquent.

Le personnel, lui aussi, a besoin d'être recruté; pour tout cela il faut des ressources que les Chambres de Commerce acceptent. C'est une question capitale.

Sans doute le Ministre des Finances envisage que ce texte lui assurera pour la première année des disponibilités susceptibles d'être utilisées pour l'équilibre général; mais c'est une façon de parler. Les recettes de cette sorte doivent aller à l'enseignement technique sans d'ailleurs qu'il soit nécessaire de recourir à une spécialisation que condamnent les principes budgétaires les plus certains. Pour reconnaître d'ailleurs que l'Etat ne pense pas à faire des bénéfices sur l'opération, il suffit de considérer que le budget de l'Enseignement technique s'élève pour 1925 à 100 millions et qu'il n'est pas certain qu'avec les restrictions admises par la Commission la nouvelle taxe donne pareille somme.

En réalité, rien que pour assurer l'application de la loi de 1919, et notamment le fonctionnement des cours professionnels obligatoires, il faudra des disponibilités importantes.

L'absence d'ouvriers qualifiés a d'ailleurs encore ce grave inconvénient, que, en qualité de manœuvre tout le monde trouve à s'embaucher, sur cette certitude qu'il suffit de se présenter pour être agréé et qu'il n'est pas nécessaire de savoir faire quelque chose ; dans les campagnes, chacun court sa chance. Quand les patrons auront des ouvriers spécialisés, ils y regarderont à deux fois avant de prendre un personnel totalement inexpérimenté.

Il a paru cependant nécessaire de réduire le nombre des exploitations passibles de la taxe, car avec la généralité du projet du Gouvernement, les rôles auraient été encombrés de petites cotes d'un rendement nul, exigeant une paperasserie formidable.

*
* *

La légitimité de la taxe d'apprentissage n'a été, en réalité, contestée par personne. Mais le vieux débat s'est rouvert aussitôt qui divise les Chambres de Commerce, représentant l'initiative privée, et l'Etat, représentant les intérêts généraux.

La Chambre de Commerce de Paris, par exemple, reconnaît bien que l'initiative prise par M. DE MORO-GIAFFERRI est pleinement justifiée. Elle le dit expressément (1) :

On serait, certes, mal venu de reprocher à M. le Sous-Secrétaire d'Etat à l'Enseignement technique d'avoir porté son attention sur une question qui intéresse au plus haut point le commerce et l'industrie. Il est, en effet, de notoriété publique que l'industrie française traverse, comme on la désigne communément, une « crise d'apprentissage ».

Les deux principales causes de cette crise sont : d'une part, l'insuffisance des écoles professionnelles d'apprentissage, malgré les efforts très intéressants faits dans certaines corporations ; d'autre part, le désir excusable qu'ont les parents de voir leurs enfants gagner de suite ou très rapidement un salaire, afin de n'avoir plus à subvenir en tout ou en partie à leurs besoins, résultat qui ne saurait être obtenu immédiatement par le choix d'une profession exigeant un apprentissage.

Il y a donc lieu, premièrement, de mettre à la disposition du commerce et de l'industrie des écoles professionnelles suffisantes pour le recrutement et la formation de leur personnel ouvrier spécialiste ; deuxièmement, d'attirer les enfants vers des professions nécessitant un apprentissage, soit à l'atelier ou à l'usine, soit au moyen de cours professionnels, par la certitude pour le jeune ouvrier de trouver à la fin de son apprentissage du travail bien rémunéré dans le métier de son choix. L'habileté professionnelle des ouvriers français serait, comme il convient, considérablement augmentée ; leur valeur moyenne plus élevée compenserait leur petit nombre, résultant, hélas ! de la

(1) Rapport de M. BOUCHERON, 3 décembre 1924.

diminution angoissante de la natalité, et permettrait d'encadrer, sinon de restreindre la main-d'œuvre étrangère.

Tous les commerçants et industriels, grands ou petits, comprenant les intérêts économiques nationaux en même temps que les leurs, et conscients de leurs obligations, sont unanimes à souhaiter une solution rapide à cette grave question.

Mais tout aussitôt elle marque son opposition à l'institution de la taxe telle qu'elle est proposée par le Gouvernement et elle donne ses raisons :

Les deux motifs principaux de cette opposition irréductible sont les suivants. Premier motif : si le commerce et l'industrie acceptent, pour développer l'apprentissage en France, le principe d'une taxe nouvelle, c'est à la condition expresse, *sine qua non*, que le produit de cette taxe soit intégralement employé au développement de l'apprentissage ; or, la comptabilité publique ayant pour règle absolue de ne pas spécialiser les recettes, le fait d'incorporer la taxe dite d'apprentissage dans le budget général implique, ayons la franchise de le déclarer, que les recettes provenant de cette taxe seront, pour leur plus grande part, distraites du but auquel ladite taxe était destinée, et ce au bénéfice d'autres postes du budget de l'Enseignement technique, ou même du budget général ; cette taxe perdrait son caractère spécial et deviendrait, en réalité, un nouvel impôt d'Etat d'ordre général. Deuxième motif : l'expérience a démontré les difficultés qu'éprouvent les pouvoirs publics à bien administrer les services d'un caractère industriel ou commercial.

Ces deux griefs sont d'importance capitale ; le commerce et l'industrie les maintiendront avec la dernière énergie ; une loi qui passerait outre soulèverait la réprobation unanime des intéressés.

Et c'est le même avis que donnent un certain nombre d'autres Chambres de Commerce, comme on le verra plus loin.

On sent tout de suite, ne serait-ce qu'à la violence inusitée de la protestation, que les Chambres de Commerce entendent rester maîtresses de l'organisation de l'apprentissage et ne pas laisser celle-ci sous la direction de l'Etat.

A quoi M. DE MORO-GIAFFERRI, on le verra également plus loin, a répondu, au cours de la séance de la Chambre du lundi 23 février, en montrant que malheureusement les Chambres de Commerce, par ce qu'elles ont fait jusqu'alors pour l'apprentissage, n'étaient peut-être pas très qualifiées pour contester à l'Etat la mission qu'il remplit, au contraire, lui, à la satisfaction générale :

Sur 151 Chambres de Commerce, il y en a 76 dont la contribution à l'enseignement professionnel se chiffre par zéro...

Sur 151 Chambres de Commerce, 76 ne font rien ; 27 versent une somme variant de 50 francs à 1.000 francs.

18 autres, dont je pourrais publier la liste, je l'ai complète, payent de 1.000 à 4.000 francs. Enfin, 24 payent de 4.000 à 10.000 francs.

J'ajoute aussitôt qu'il y a des Chambres de Commerce qui font beaucoup : la Chambre de Commerce de Dunkerque, celle de Nantes, celle de Tours, celle de Marseille, celle de Lyon, et, enfin, celle de Paris, à qui je dois rendre un hommage particulier.

Mais quel est le total de l'effort de toutes les Chambres de Commerce de France ? : 1.989.533 francs.

La Chambre de Commerce de Paris, à elle seule, représente la moitié de cette contribution, et les autres Chambres de Commerce ne représentent pas un million en tout.

*
* *

C'est tout le débat qui s'est déroulé à la Chambre au cours de la longue séance du lundi 23 février, qui fut toute entière consacrée, sous la présidence de M. Alexandre VARENNE, à la discussion de la taxe d'apprentissage.

Les principales interventions qui ont marqué cette séance sont résumées plus loin.

Une première bataille fut livrée sur un amendement de MM. ABOUT, KERVENOAËL et Michel WALTER, demandant la disjonction de l'article 23. Après des discours de MM. ABOUT, DE MORO-GIAFFERRI, Michel WALTER et UHRY, l'amendement fut repoussé par 370 voix contre 195.

Sur l'article lui-même, M. Louis NICOLLE parla ensuite, puis la clôture de la discussion fut prononcée.

Après quoi, un amendement de M. Louis GROS au paragraphe 1er de l'article 1er fut adopté sans discussion, dans le but d'étendre l'application de la taxe aux concessionnaires des services publics.

Après des interventions de MM. René LAFARGE, LE TROCQUER, ROBAGLIA, Ernest LAFONT, Emile BOREL, VIOLLETTE, rapporteur général, LEFAS, DE MONICAULT, le paragraphe 1er fut adopté.

Sur le paragraphe 2e, M. Edmond BOYER demanda sans succès que la base de la taxe soit l'impôt sur les bénéfices industriels et commerciaux et non le montant des salaires. Puis M. Constant VERLOT, sur le même paragraphe, proposa l'abaissement de 0 fr. 50 à 0 fr. 25 0/0 du taux de la taxe, ce que la Chambre repoussa par 286 voix contre 267. Même sort fut réservé à l'amendement de M. LEFAS proposant 0,30 0/0. Mais le Gouvernement et la Commission acceptent 0,35 0/0.

Finalement, l'ensemble de l'article avec la substitution de 0,35 0/0 à 0,50 0/0 comme taux de la taxe, fut adopté à mains levées.

Il reste maintenant au Sénat à se prononcer.

F. ZWOBADA.

Quelques Opinions autorisées

Il importait avant tout, dans une discussion de l'importance de celle qui s'est ouverte à propos de la taxe d'apprentissage, de connaître les opinions des personnes qui ont paru les plus autorisées par leur compétence pour en formuler une.

M. DE MORO-GIAFFERRI a donné à la Chambre, de très éloquente façon, la sienne et celle du gouvernement. M. le Directeur de l'Enseignement technique, pas plus que M. le sénateur DRON, président de notre Association, ne pouvaient entrer dans la lice. On trouvera plus loin les avis des Chambres de Commerce.

Au même titre que ces Compagnies nous avons pensé que devaient être entendus des hommes comme M. le sénateur CUMINAL, comme MM. les députés LOCQUIN, MERLANT, VERLOT et UHRY.

Ce sont ces opinions que nous donnons ici, en toute impartialité. .

René DAVENAY.

M. Cuminal, sénateur

M. CUMINAL occupe au Sénat une place de premier plan. Il est le suppléant de M. Edouard HERRIOT à la présidence du Comité exécutif du parti radical et radical-socialiste. Successeur de M. ASTIER, dont il fut le collaborateur, il est particulièrement au courant des problèmes de l'apprentissage qu'il a souvent discutés au Conseil supérieur de l'Enseignement technique.

Le Sous-Secrétariat de l'Enseignement technique, a-t-il déclaré, proposait, au budget de 1925, un programme de création ou de transformation d'écoles, évalué à 173 millions et demi de francs, réparti sur cinq exercices, et exigeant par conséquent l'inscription annuelle d'un crédit de 34 millions 700.000 francs.

Il envisage d'autre part le développement sur une large échelle, des cours professionnels obligatoires, institués par la loi Astier, grâce auxquels certaines régions, celle du Nord notamment, ont pu instruire un nombre considérable d'apprentis de tous métiers.

Comment, au milieu des difficultés financières que nous traversons, se procurer, sans grever le budget, les ressources nécessaires à l'exécution d'un tel programme? Le gouvernement et, après lui, la Commission des Finances de la Chambre, se sont prononcés pour la création d'une taxe dite d'apprentissage.

Que sera cette taxe? Elle est définie dans l'article 18 de la loi de finances. (*Nous en donnons plus haut le texte. Inutile donc de le reproduire.*)

Certaines exceptions sont tolérées. Ainsi ne sont pas considérés comme chefs d'entreprise, et, par conséquent, seront dispensés de la taxe, les agriculteurs et les artisans qui ne sont pas assujettis aujourd'hui à l'impôt sur les bénéfices industriels et commerciaux. En seront aussi dispensés les chefs d'entreprise occupant moins de six ouvriers et employés au-dessous de dix-huit ans, en dehors des membres de la famille, femme, enfant, ascendants, frères ou sœurs.

De même, des exonérations partielles pourront être accordées, après avis du comité départemental de l'Enseignement technique, aux personnes et sociétés imposables en considération des dispositions qu'elles prennent en vue de favoriser l'enseignement technique et l'apprentissage.

Par contre, des majorations, dont le taux ne pourra pas dépasser le montant en principal de la taxe, pourront être imposées aux personnes qui se seront soustraites aux charges de l'apprentissage...

Si le Parlement adopte ces mesures, un règlement d'administration publique fixera les conditions d'application des présentes dispositions qui entreraient en vigueur dès cette année.

Quel serait le rendement de la taxe? continue M. CUMINAL. Des calculs faits par l'Administration, compte tenu des exemptions, il semble résulter que le montant annuel des salaires payés par l'industrie et le commerce s'élève à 20 milliards environ, et que, dès lors, le produit de la taxe de cinquante centimes pour cent serait de l'ordre de 100 millions.

A titre d'exemple, et pour fixer les idées, il y a lieu de remarquer qu'un industriel payant dans l'année un million de salaires ou d'appointements, aurait à supporter une taxe d'apprentissage de cinq mille francs. La taxe serait de dix mille francs si le chiffre des salaires atteignait deux millions.

Contre le principe de l'imposition, les protestations sont, à la vérité, peu nombreuses. La grande majorité des patrons, commerçants, industriels et chefs de maisons, se rendent compte que, devant la pénurie de plus en plus grande d'ouvriers qualifiés et d'artisans, l'Etat doive se préoccuper de la formation de la main-d'œuvre. Tout en favorisant et en encourageant les initiatives privées, il doit par surcroît se substituer aux volontés défaillantes, et préparer cette armée du travail, qui est indispensable à la prospérité, à la vie même de la nation.

*

*   *

Où les réclamations commencent (et M. CUMINAL l'a exposé dans la *France de Bordeaux*), c'est sur le taux même de la redevance.

Vos écoles de métiers, dit-on, vos écoles pratiques de commerce et d'industrie, vos cours de perfectionnement, toutes vos institutions qui concourent, en somme, à l'apprentissage proprement dit, coûtent une cinquantaine de millions par an — et vous nous imposez de cent millions.

C'est donc cinquante millions de trop que nous allons verser, et qui serviront aux besoins généraux du budget. Nous nous refusons à cette surcharge, et nous vous demandons de réduire le pourcentage de la taxe.

La question vaut d'être examinée. Il se peut qu'en effet une atténuation soit légitime. Peut-être aussi conviendrait-il d'attendre les résultats d'une première année d'expérience, pour se prononcer sur le taux définitif à appliquer.

Quoi qu'il en soit, il importe de remédier au plus tôt à la crise de l'apprentissage, qui, déjà inquiétante à la veille de la guerre, n'a fait que s'aggraver avec les vides causés par la tourmente. Efforçons-nous de suppléer à l'insuffisance du nombre par la qualité de nos travailleurs, par l'augmentation de leurs qualités professionnelles et de leur valeur morale.

L'exemple des nations concurrentes et notre propre expérience nous enseignent que, pour ce faire, il n'est pas de meilleur moyen que l'instruction pratique et théorique, abondamment distribuée à notre jeunesse.

Multiplions donc nos écoles techniques et nos cours de perfectionnement.

M. Jean Locquin, député

Agrégé de l'Université, au courant de toutes les questions d'enseignement, rapporteur du budget de l'Enseignement technique, M. Jean Locquin est naturellement partisan de la taxe.

Il nous expose pourquoi :

' La plupart des enfants des deux sexes qui se destinent aux carrières industrielles et commerciales ne reçoivent aucune instruction professionnelle sérieuse, ne font, à proprement parler, aucun apprentissage, et sont condamnés à rester toute leur vie de simples manœuvres ou, qui pis est, de mauvais ouvriers.

Et ces enfants sont 800.000 chaque année! On conçoit que ce chiffre ait de quoi faire réfléchir.

Il y a là, au point de vue économique, une menace dont personne ne saurait plus se dissimuler la gravité.

Il faut donc organiser l'apprentissage. C'est là le grand cri d'alarme. On commence à se rendre compte, en France, que la loi Astier, si elle est d'une haute inspiration, n'a pas donné encore de résultats pratiques, et qu'il serait temps de les provoquer, enfin.

Aussi de nombreux commerçants et industriels, soucieux de l'avenir de leur pays, autant que de leurs intérêts personnels, ont-ils pris, à cet égard, des initiatives heureuses. Mais ils constituent malheureusement la minorité. La majorité ne veut pas, ou ne peut pas assumer la tâche de former des apprentis, parce qu'elle y voit une lourde charge, sans compensation éventuelle.

En somme, cette conception, bien que restreinte, et intrinsèquement égoïste, peut se justifier : l'individu reste maître de soi. Mais, là où l'initiative privée est impuissante, il faut que l'action de la collectivité s'impose. Il est donc du devoir des Pouvoirs publics, de l'Etat, de prendre toutes les mesures nécessaires pour conjurer la redoutable crise de l'apprentissage.

La plus radicale de ces mesures consisterait à déclarer, comme on l'a fait depuis longtemps en Allemagne, au Danemark, et dans la plupart des cantons suisses, l'apprentissage obligatoire pour tous les enfants des deux sexes âgés de 14 à 18 ans. Ce serait le meilleur moyen de recruter des apprentis. Bien entendu, on ne les pousserait pas, au hasard et au petit bonheur, vers les ateliers et les comptoirs. On s'efforcerait de tenir compte, dans le choix du métier où ils seraient pour ainsi dire enchaînés pendant leur vie, de leurs aptitudes physiques et intellectuelles. On s'inspirera, à cet effet, des notions « d'orientation professionnelle » qui ont déjà donné lieu à d'intéressantes expériences.

Les apprentis une fois recrutés, il s'agira de les maintenir chez le patron qui se sera engagé à leur apprendre consciencieusement leur métier.

La rédaction d'un contrat écrit d'apprentissage, précisant les obligations réciproques du patron et de l'apprenti, est donc indispensable. La Chambre l'a si bien compris qu'elle a voté, dès 1919, sur la suggestion de M. VERLOT, député des Vosges, une proposition en ce sens, qui s'est malheureusement perdue dans les cartons du Sénat, comme nous le disons dans l'interview de M. VERLOT.

Choix judicieux du métier, obligation de l'apprentissage, obligation du contrat écrit, ce ne serait pas encore suffisant pour doter notre pays de l'organisation qui lui manque. Si la nécessité de former des apprentis est un devoir pour l'industriel et pour le caommerçant soucieux du lendemain, de même que c'est un devoir pour le jeune homme et pour la jeune fille de perfectionner leurs aptitudes professionnelles, ces obligations impliquent des sacrifices, elles sont très onéreuses.

L'apprenti, logiquement, ne devrait rien gagner. Il en était ainsi jadis, au temps des corporations. Au contraire, et cette pratique s'est maintenue jusqu'à nos jours, l'apprenti était tenu de verser une redevance au patron pour l'indemniser du temps qu'il passait à lui enseigner son métier.

Aujourd'hui, il n'en est plus de même. Dans le régime de concurrence effrénée qui caractérise la vie économique moderne, l'intérêt du patron et celui de l'apprenti semblent s'identifier et se confondre pour réduire au minimum ou supprimer totalement l'apprentissage.

Tandis que les parents, obligés de faire face aux nécessités de l'existence, sont portés à rechercher, pour leurs enfants, des emplois de manœuvre, où ils recevront un salaire immédiat (au détriment de leur culture professionnelle), les industriels et les commerçants, de leur côté, préoccupés de restreindre leurs frais généraux, sont tentés d'employer tout de suite les jeunes gens qu'ils embauchent, à un travail productif. Pour les uns comme pour les autres, c'est la considération du rendement immédiat qui domine tout.

Comment concilier ce double point de vue égoïste avec la nécessité et l'obligation de former des apprentis ? En instituant des bourses d'apprentissage, qui permettront de rémunérer l'enfant pendant les heures qu'il consacrera, à l'atelier ou au cours professionnel, à perfectionner sa propre instruction technique, sans faire œuvre utile pour le patron qui l'emploie.

*
* *

Tout se ramène donc à une question d'argent, et l'on peut se faire une idée de ce que coûterait cette organisation méthodique de l'apprentissage en établissant un calcul sur les données suivantes :

800.000 apprentis devant consacrer trois heures par jour à leur perfectionnement professionnel. En comptant 300 jours par an, et une indemnité horaire de 1 franc, on obtient $800.000 \times 300 \times 1 = 720.000.000$.

C'est un chiffre formidable, et il est à peine besoin de souligner que notre situation financières ne permet pas de demander au budget de fournir un effort supplémentaire de cette importance.

En le réduisant au cinquième seulement, ce serait une somme de 144 millions qu'il y aurait encore lieu de trouver tous les ans. Ce serait encore une très lourde charge.

Aussi a-t-on été amené à penser qu'elle pourrait être supportée par ceux-là même qui sont directement appelés à utiliser le savoir et les aptitudes professionnelles des ouvriers qualifiés et des spécialistes, dont le besoin se fait chaque jour sentir davantage, et pour la formation desquels les patrons ne s'imposent pas toujours les sacrifices nécessaires. Cette contribution de l'industrie et du commerce se traduirait sous la forme d'une taxe d'apprentissage.

*
* *

Elle ne serait donc imposée, aux propres termes du projet de loi, ni aux agriculteurs, ni aux artisans et petits commerçants.

D'ailleurs, elle ne frapperait pas uniformément et indistinctement tous les employeurs. Elle tiendrait compte de leurs efforts.

Si elle est proportionnée à l'importance de leur entreprise, elle est aussi proportionnée, en quelque sorte, à leur indifférence. Il en est parmi eux qui ont déjà organisé à leurs frais l'apprentissage : ceux-là, il faut reconnaître et encourager leur initiative, en leur accordant des exonérations totales ou partielles. Mais combien d'autres, aux vues courtes, ne considérant que leur intérêt immédiat, se refusent à faire des apprentis, parce qu'ils n'y voient que le temps perdu ou redoutent que le perfectionnement professionnel de l'ouvrier n'entraîne une augmentation des salaires ! A ces derniers, qui sont malheureusement le plus grand nombre et qui se réservent d'enlever à leurs concurrents la main-d'œuvre qualifiée que ceux-ci ont formée pour eux-mêmes, il est juste d'imposer, en cas de mauvaise volonté évidente, une majoration de la taxe d'apprentissage.

Les Comités départementaux de l'Enseignement technique, créés par la loi du 25 juillet 1919 (dite loi Astier) et par le décret du 10 février 1921 et qui sont composés de représentants élus des patrons, des ouvriers et des employés, sont qualifiés pour examiner toutes les situations particulières et statuer sur chaque cas.

Quel serait le produit annuel de cette taxe ?

M. Lucien ROMIER, dans la *Journée industrielle*, évalue à 35 ou 40 milliards « la somme globale des salaires de tous les commerces et industries ». Ce chiffre paraît quelque peu exagéré et en prenant pour base celui de 25 milliards, compte tenu des défalcations prévues, le produit de la taxe serait de l'ordre de 125 millions.

La question s'est posée de savoir si le produit de la taxe serait versé au Trésor ou à une caisse spéciale ayant son autonomie financière. Quels que puissent être les avantages de ce dernier système, la Commission, d'accord avec le gouvernement, l'a écarté par application de la règle de l'unité budgétaire. Mais à défaut de spécialisation, il doit être bien entendu que les sommes versées par les industriels et les commerçants au titre de la taxe d'apprentissage seront intégralement employés à la formation des apprentis et au perfectionnement professionnel. On peut de même préciser que les crédits non utilisés en fin d'exercice seront reportés sur l'exercice suivant, les excédents de recettes permettant d'augmenter à la fois les subventions et les exonérations.

M. Lucien ROMIER formule cependant certaines réserves :

« Il est trois obscurités du projet qu'il faut éclairer, écrit-il, pour qu'il garde son caractère libéral et, partant, efficace. D'abord *la répartition des crédits* : l'industrie n'a pas compris pourquoi, sur les 100 millions qu'on va lui demander, 4 millions seulement doivent être affectés à l'application de la loi Astier et le reste à des dépenses d'ordre général. Cette disproportion peut être justifiée; mais des éclaircissements paraissent nécessaires. En second lieu, *l'emploi des crédits* : il faut, en toute bonne foi réciproque, que l'emploi des crédits soit dirigé et contrôlé d'accord par les représentants de la production et par l'Etat. Ce serait un vrai crime contre la nation que de permettre qu'un jour les fonds destinés à l'enseignement du peuple pussent servir à des fins électorales ou similaires... Enfin, *le très intelligent et très généreux effort qui a déjà été accompli*, pour l'enseignement technique ou l'apprentissage, par de nombreux industriels, doit être non seulement respecté, mais reconnu et encouragé.

« M. DE MORO-GIAFFERRI, Sous-Secrétaire d'Etat de l'Enseignement technique, est un avocat de renom. Il n'aura jamais de plus noble cause à défendre que celle qui est aujourd'hui entre ses mains. »

Nous pouvons affirmer que les appréhensions dont M. ROMIER s'est fait l'écho ne sont pas toujours fondées.

Nous avons montré, par un calcul très simple, que le minimum nécessaire, chaque année, pour organiser l'apprentissage obligatoire au moyen de bourses et de subventions, ne saurait être inférieur à 144 millions. Les chiffres actuels du budget sont donc bien au-dessous des besoins qui peuvent se manifester demain.

En second lieu, il est convenu que la répartition des crédits sera confiée à ces organismes paritaires, dont la création est imminente et qu'on désigne sous le nom de « Chambres d'apprentissage » et de « Conseils de métiers ».

Enfin, ce serait une aberration de méconnaître ou de délaisser des initiatives privées, émanant de Syndicats ouvriers, de groupements industriels ou de personnalités particulières, qui ont fait leurs preuves et sur ce point encore des assurances formelles ont été données aux intéressés.

Le principe de la taxe d'apprentissage étant admis, la nécessité d'une action d'ensemble, coordonnée et immédiate, apparaissant clairement aujourd'hui, il faut espérer que, dans l'intérêt supérieur de notre développement économique, la mesure proposée sera, demain, la loi.

M. Constant Verlot, député

Depuis qu'il siège à la Chambre et il y a de cela de nombreuses années, M. VERLOT y a été l'animateur de l'Enseignement technique. Il a rapporté et fait voter la loi Astier et proposé de nombreuses améliorations à l'organisation de notre apprentissage.

Il va essayer d'éclairer le problème.

En somme, ce que demandent les industriels, c'est d'abord de ne pas subir de charges trop lourdes ; c'est ensuite que le produit de cette taxe d'apprentissage soit employé uniquement à l'enseignement technique.

Là réside en effet la grosse difficulté. Si la taxe, en vertu du budget unique, est englobée dans la masse et affectée à des destinations étrangères à l'apprentissage ; si l'apprentissage n'en est pas amélioré ; si l'on puise dans cette caisse pour alimenter ceci ou cela, ce budget-ci et ce budget-là, et non pas pour satisfaire aux nécessités de l'Enseignement technique, les industriels protesteront.

Ils veulent que l'argent versé par eux pour des buts précis soit employé à ces buts précis. Ils veulent que si on leur dit : « Versez cinquante centimes pour cent en vue de perfectionner l'apprentissage », ces cinquante centimes ne s'en aillent pas à des destinations qu'ils ignorent, ou qui, en tout cas, n'étaient pas prévues...

Ont-ils tort ?...

M. Constant VERLOT pense également que les 100 millions réclamés par M. DE MORO-GIAFFERRI sont absolument indispensables pour aboutir à une amélioration quelconque de l'Enseignement technique.

Où il élève une objection, c'est à propos du chiffre des salaires payés annuellement par les industriels. Le gouvernement pense que ce chiffre ne dépasse pas 20 milliards. En réalité, déclare M. VERLOT, ce chiffre atteint 40 et probablement 45 milliards. C'est d'ailleurs ce qui a incité le député des Vosges à déposer deux amendements au présent projet de loi sur la taxe d'apprentissage — l'un tendant notamment à abaisser la taxe de cinquante centimes pour cent à vingt-cinq — ce qui serait suffisant à assurer le chiffre de cent millions nécessaire.

*
* *

Voici le premier amendement :

1º Modifier le second alinéa du projet de taxe sur l'apprentissage, ainsi conçu :

« Cette taxe, dont le produit est rattaché au budget de l'Etat, est fixée à 0 fr. 50 pour cent du montant total des appointements, salaires et toutes rétributions en espèces payés pendant l'année précédente par le chef d'entreprise ».

Le modifier comme suit :

« Cette taxe... est fixée à 0 fr. 25 pour cent du montant total des appointements, salaires, etc.).

2° Ajouter à cet alinéa la disposition suivante :

« Son produit sera intégralement consacré à ce double objet.

3° Enfin, libeller le quatrième paragraphe, ainsi conçu dans le projet de loi :

« Des exonérations partielles peuvent, en outre, être accordées aux personnes et sociétés imposables, en considération des dispositions qu'elles prennent en vue de favoriser l'enseignement technique et l'apprentissage ».

Le modifier ainsi :

« Des exonérations partielles ou totales devront être accordées, après avis des comités départementaux de l'enseignement technique, en attendant la création des chambres d'apprentissage, aux personnes et sociétés imposables, en considération des dispositions qu'elles prennent, soit individuellement, soit collectivement, en vue de favoriser l'enseignement technique et l'apprentissage. »

Ainsi, avons-nous voulu, tout en respectant la règle de l'unité budgétaire, faire préciser dans la loi que les sommes versées par les industriels et les commerçants, au titre d'une *contribution du commerce et de l'industrie, pour le développement de l'enseignement technique et de l'apprentissage,* seront intégralement employées à la formation des apprentis et au perfectionnement de l'enseignement professionnel et ménager.

Les calculs de base nous ayant paru trop faibles, quant à l'évaluation du chiffre global des salaires, ceux-ci atteignant certainement 40 milliards au moins, nous avons porté la quotité de la contribution à 0,25 0/0 du montant total des appointements.

Le règlement de la Chambre ne nous a pas permis d'introduire dans la loi de finances le texte adopté par la Commission de l'enseignement, relatif à la création et à l'organisation des chambres d'apprentissage, des conseils de métiers et des commissions locales professionnelles. Nous le soumettrons à la Chambre par un rapport spécial qui sera incessamment déposé.

*
* *

Je propose également d'ajouter, à la fin du quatrième alinéa, la disposition suivante :

« En ce qui concerne les exonérations partielles ou totales, seront seuls comptés comme dépenses :

« 1° Les frais des cours professionnels et techniques de degrés divers ;

« 2° Les salaires des techniciens qui sont chargés, à l'exclusion de tout autre travail, de la formation et de la direction des apprentis isolés ou en groupe, dans la limite maxima de un technicien pour dix apprentis ;

« 3° Les salaires payés aux apprentis :

« *a*) Pendant les six premiers mois de l'apprentissage lorsqu'ils sont soumis à un programme d'apprentissage méthodique ;

« *b*) Pour les heures de présence aux cours professionnels ;

« 4° Les subventions aux écoles, bourses et allocations d'études ;

« 5° Les frais des œuvres complémentaires de l'enseignement technique et de l'apprentissage ayant pour but de développer la formation générale et l'éducation du personnel technique. »

Ces dispositions complètent celles que nous avons formulées dans un précédent amendement. Elles donnent des précisions indispensables, réclamées par les industriels et les commerçants qui s'intéressent à la formation technique de leur personnel.

M. F. Merlant, député

Le député de la Loire-Inférieure est un de nos membres les plus actifs. Il n'est pas nécessaire de le présenter à nos lecteurs qui n'ont pas oublié son discours remarquable du 3 décembre 1924.

Il précise ainsi son point de vue :

La taxe d'apprentissage est une excellente chose, et non seulement une excellente chose, mais une chose indispensable...

Une seule réserve : c'est que les industriels ayant déjà réalisé le premier pas dans cette voie soient en partie exonérés de la taxe, ce qui est justice : il serait d'un fâcheux exemple et d'une mauvaise politique, en effet, qu'ils eussent, en plus, cette redevance légale à payer.

« Il ne faut pas s'étonner si quelque résistance se manifeste dans l'application de la loi du 25 juillet 1919, car l'industriel ou le commerçant français a une certaine prévention contre l'Etat, et verra là une menace de tutelle, une tentative de mainmise sur des organisations corporatives d'enseignement professionnel, fruits de longs efforts et parfois de lourds sacrifices d'argent, dont ils voudront rester les seuls maîtres.

« Il faut, une fois de plus, donner à ces institutions privées l'assurance que, dans cette nouvelle organisation, elles seront largement aidées, qu'elles conserveront leur autonomie, et que les principes mêmes de leur fondation seront respectés et sauvegardés.

« Le rôle de l'Etat est parfaitement déterminé par la loi du 25 juillet 1919 en ce qui concerne les écoles d'enseignement technique privées. Il apporte des règlements, donne des conseils, et offre un concours financier dans la plus large mesure possible...

« Aux industriels, aux commerçants, aux groupements corporatifs patronaux et ouvriers de répondre à cet appel, mais d'y répondre avec méthode, discernement et cohésion, afin de ne pas rendre les efforts stériles. Tous comprennent la nécessité de travailler à la formation professionnelle à tous les degrés, mais il faut. que le mouvement se généralise, que chaque région soit étudiée, que les industriels invoquent leurs besoins. Ils doivent d'abord compter sur eux-mêmes, car l'intervention de l'Etat ne peut être reellement utile et fructueuse que lorsqu'elle s'adresse à des organisations déjà solidement établies. Les initiatives privées sont louables, mais il faut se méfier des fondations trop hâtivement construites ; elles sont parfois peu solides. Les forces isolées s'effritent, tandis que l'union dans l'action pour la réalisation du même objectif conduit au succès.

« Cette coordination d'efforts, nous devons l'obtenir, et nous l'obtiendrons par la création d'un institut national de chacune de nos grandes industries. Cette organisation sera, pour ainsi dire, le cerveau d'où émanera la pensée directrice, ce qui animera, soutiendra et aidera le mouvement rénovateur dans toute son étendue.

« Cette conception n'est d'ailleurs pas irréalisable, puisque nous avons déjà vu se créer des instituts nationaux de plusieurs grandes industries françaises, les instituts de la céramique, de l'optique, des cuirs, etc.

« Avec le concours de l'Etat, et sous la sage administration d'industriels expérimentés, ces instituts coordonnent les moyens d'action pour le développement de la formation professionnelle à tous les degrés, depuis la grande école technique de chaque industrie jusqu'au plus modeste cours d'un centre manufacturier... »

Voici d'ailleurs quelques faits que j'ai exposés à la tribune :

« Puisque nous parlons des écoles supérieures d'industrie de nos grands syndicats ou fédérations de l'industrie française, laissez-moi, en terminant, vous montrer les services qu'elles ont rendus et qu'elles sont encore appelées à rendre.

« La science qui découvre et l'industrie qui applique sont les deux formules qui, par leur association, constituent la force productrice et le développement de la richesse industrielle d'une nation.

« Les grandes découvertes naissent dans les laboratoires, elles émanent de la science pure. Longue serait l'énumération de toutes ces découvertes qui resteront la gloire du génie français. Je veux simplement m'arrêter à quelques travaux récents qui ont trouvé rapidement leur application dans diverses industries.

« A Lyon, GRIGNARD, de la faculté des sciences, professeur à l'école industrielle de chimie et à l'école française de tannerie, découvre une réaction qui permet d'élargir par la méthode expérimentale le domaine des réalisations synthétiques.

« Son collègue de la même faculté, le professeur MEUNIER, découvre le tannage à la quinone et apporte, par de nouvelles méthodes scientifiques, une véritable révolution dans l'industrie assez arriérée jusqu'alors de la tannerie.

« A Grenoble, FAVIER, de l'institut polytechnique de cette ville, a consacré de longues années à de merveilleuses recherches sur les celluloses de remplacement du coton. Son collaborateur, M. BARBILLON, attaché lui aussi à l'université et directeur de l'école de papeterie de Grenoble, dirige cette école avec toute sa compétence, en collaboration avec des inventeurs de procédés nouveaux pour l'utilisation de nombreuses matières d'origine exotique et surtout de matières provenant des colonies françaises, destinées à remplacer le bois dans la fabrication du papier.

« Comment toutes ces précieuses découvertes ont-elles reçu leur application rapide et sont-elles entrées dans le domaine des fabrications courantes?

« Parce que des industriels intelligents en ont entendu parler, se sont tournés vers ces savants et leur ont dit : « Travaillez, nous « vous aiderons; découvrez, nous appliquerons; mais que vos efforts « ne soient pas perdus, que vos veilles ne restent pas stériles, faites- « nous des élèves, nous les attendons. »

« Et les grands syndicats de ces industries ont fondé leurs écoles, en mettant à leur tête ces savants et leurs collaborateurs.

« Les Lyonnais ont érigé leur célèbre école industrielle de chimie, que dirige aujourd'hui le professeur GRIGNARD, grand prix Nobel de chimie.

« Le syndicat général des cuirs et peaux a fondé son école française de tannerie à Lyon, où le professeur MEUNIER enseigne avec sa haute autorité l'application de ses méthodes.

« Le syndicat de l'union des fabricants de papier de France a appelé M. BARBILLON à la direction de l'école de papeterie de Grenoble.

« Dans toutes ces écoles fonctionnent des laboratoires de recherches et des laboratoires d'essais. Ce qui fait la force de ces institutions d'enseignement technique privés, c'est la collaboration étroite entre les savants qui découvrent et enseignent et les industriels qui conseillent et appliquent dans leurs usines.

« Vous m'excuserez, mes chers collègues, d'avoir peut-être abusé trop longtemps de votre bienveillante attention, mais vous estimerez avec moi que l'enseignement technique doit occuper aujourd'hui, dans notre pays, la grande place à laquelle il a droit... »

M. Jules Uhry, député

Avocat, député de l'Oise, maire de Creil, représentant une région essentiellement industrielle, M. Uhry est entièrement partisan de la taxe.

Il nous dit pourquoi :

Le budget du Sous-Secrétariat d'Etat de l'Enseignement technique comporte un programme d'extension à réaliser en cinq ans de façon à assurer une plus large dotation à l'orientation professionnelle, aux encouragements à l'apprentissage et à l'enseignement technique proprement dit.

Pour fournir des ressources correspondant à ces dépenses nouvelles, le gouvernement propose et la commission des finances a adopté l'institution d'une taxe d'apprentissage égale à 0.50 0/0 du montant des salaires : un chef d'industrie, qui paie à son personnel cent mille francs de salaires, aurait ainsi à verser à l'Etat une taxe de cinq cents francs. Le taux est vraiment minime.

Et cependant toutes les Chambres de commerce, obéissant comme à un mot d'ordre, tout le grand patronat s'élèvent contre cette taxe d'apprentissage ; des articles nombreux sont faits et on exerce sur le Sénat, bien entendu, une pression pour empêcher ce vote si utile à la Nation.

On sait, en effet, la situation lamentable de la France au point de vue du développement des écoles professionnelles. Alors qu'en Allemagne il n'y a pas un centre ouvrier, pas une ville d'industrie où il n'y ait, pour tous les métiers, d'écoles professionnelles qui préparent la jeunesse à devenir, lorsqu'elle entrera dans les ateliers, des techniciens habiles et dans les laboratoires des ingénieurs remarquables, en France c'est à peine quelques écoles qui ont été instituées depuis quelques années et l'apprentissage, surtout depuis la guerre, est devenu lettre morte.

La classe ouvrière a intérêt cependant au développement de l'apprentissage. Ainsi que la Confédération Générale du Travail l'a proclamé, si les ouvriers ont été amenés, par la nature de leurs occupations spéciales, à servir la machine, ils ont compris peut-être, avec plus de force que quiconque, que chaque homme possède une petite parcelle de cette flamme merveilleuse de l'intelligence et de la sensibilité qu'il faudrait partout respecter comme le seul et véritable moteur du travail.

Le prolétariat se rend compte que c'est justement en même temps que les fabrications deviennent plus compliquées et que le rôle de l'ouvrier y devient plus machinal, qu'il faut, pour les mettre au point, des connaissances sans cesse plus étendues. Un bon technicien dans une usine, à l'heure actuelle, à moins de se ravaler de plus en plus au rôle de manœuvre, est obligé de s'initier aux sciences mathématiques et de comprendre le mystère des nombres ; or, pour cela, il faut des écoles et, pour ces écoles, il faut de l'argent. Le capitalisme égoïste s'est toujours refusé à aider la collectivité pour les installer. Dans la ville de Creil, par exemple, c'est à la municipalité qu'on a laissé le soin de supporter toutes les charges de l'installation des cours professionnels. Les villes sœurs ouvrières de Montataire et de Nogent-sur-Oise ont dû également prélever sur leur budget, mais le patronat, pendant des années, n'a rien voulu donner, et ce n'est que parce qu'on lui a fait honte que, depuis la guerre, il a consenti quelques aumônes.

Et, malheureusement, les municipalités ont de lourdes charges ; elles doivent faire face à de multiples besoins ; si donc elles abandonnent tout d'un coup le développement de l'école professionnelle, si celle-ci n'a plus de place pour recevoir les élèves, va-t-on vouer à l'ignorance des quantités de fils de travailleurs qui, demain, pourraient être d'excellents producteurs ? Et que dire également des écoles d'apprentissage pour les jeunes filles, des écoles d'enseignement ménager ? Là encore, l'Allemagne a fait des prodiges. Il n'est pas une jeune fille allemande qui ne sache admirablement faire la cuisine, conduire un intérieur ! De quel droit laissera-t-on les jeunes filles de la classe ouvrière ignorantes, pour qu'une fois mariées elles se contentent d'apporter à leurs maris, revenant fatigués du labeur, la charcuterie achetée en hâte ou l'assiette de tripes, ou la boîte de conserves ? Là, également, il faudra de l'argent pour installer les écoles ménagères. Et M. DE MORO-GIAFFERRI a eu raison de vouloir dresser un programme qui, prenant la carte de France, installe partout cet enseignement d'avenir.

Je sais bien que les patrons, hypocritement, déclarent qu'ils ne se refusent pas à faire des sacrifices, mais qu'ils veulent que les taxes qu'on leur imposera soient consacrées d'une part à la stricte application de la loi Astier sur les cours de préapprentissage, et que, d'autre part, ce soit à des organisations spéciales, composées de patrons et d'ouvriers, qu'on verse cet argent, qui sera ainsi géré d'une façon autonome.

Ce n'est là qu'un simple prétexte pour empêcher la réalisation du programme. Dans nos villes ouvrières, les cours de préapprentissage sont exclusivement à la charge des municipalités, et le patronat n'intervient que rarement pour les subventionner ; il y a des villes, sans doute, où des patrons intelligents ont su prendre l'initiative du mouvement, mais, pour quelques exceptions qu'il faut louer, combien de mauvais vouloir pourrions-nous enregistrer ?

Les organisations autonomes, nous les approuvons et nous voterons, quand il le faudra, l'installation de chambres de métiers, mais, en attendant, il faut savoir courir au plus pressé. L'apprentissage se meurt, l'éducation professionnelle est enrayée, le patronat, qui profitera de la formation de l'élite de la classe ouvrière, doit contribuer à cette formation, qui doit compter dans les frais généraux comme comptent dans les frais généraux l'amélioration de l'outillage et la rente donnée aux mutilés du travail. Qu'est-ce que c'est que cinquante centimes pour cent ?

Aussi se demande-t-on pourquoi le patronat hésiterait à payer une cotisation pour permettre à la France d'avoir d'excellents ouvriers, de conserver ainsi le renom de sa production dans le monde, alors qu'il n'hésite pas à verser de larges subventions pour encourager les associations de briseurs de grève. L'affaire de Douarnenez a mis en lumière, en effet, le singulier état d'esprit du capitalisme français. On sait désormais, par les révélations de M. Chautemps, que le soir même où les patrons sardiniers refusaient l'arbitrage du Ministère du Travail, ils s'en allaient rue Bonaparte et versaient une forte somme pour faire venir des repris de justice chargés de provoquer les grévistes. Eh bien, quand on est pris à faire de si mauvais coups, on ne doit pas faire marcher des Chambres de Commerce et leur faire voter les ordres du jour pour empêcher un ministre réformateur de se procurer l'argent nécessaire pour développer l'enseignement professionnel.

Sur ce point, nous espérons que la classe ouvrière saura livrer bataille. Je suis décidé, pour ma part, comme vice-président du groupe de l'apprentissage de la Chambre, à mener le combat pour que la taxe d'apprentissage soit votée. Je demande ici un peu de l'appui des organisations ouvrières, car c'est par elles seules qu'on peut vaincre cette résistance infâme...

L'Avis des Chambres de commerce

PARIS

Après examen de l'article 18 du projet de loi de finances, pour 1925, portant création d'une taxe pour le développement de l'enseignement technique et de l'apprentissage, la Chambre de Commerc adopte les conclusions suivantes d'un rapport qui lui est présenté par M. BOUCHERON, au nom des Commissions de législation et d'apprentissage :

La Chambre de Commerce de Paris,

Protestant avec la dernière énergie contre l'article 18 du projet de loi de finances pour 1925, qui, tel qu'il est présenté, institue en réalité un nouvel impôt d'Etat qui pèserait sur une fraction seulement de contribuables et qui, malgré le principe de son affectation spéciale, servirait à couvrir des dépenses étrangères à l'apprentissage et incombant, en conséquence, à la collectivité ;

Maintenant ses nombreuses délibérations antérieures, et résolue à développer son effort personnel en ce qui concerne l'apprentissage ;

Affirmant à nouveau la nécessité de mettre d'urgence un terme à la crise de l'apprentissage en France en organisant celui-ci au moyen de ressources spéciales et obligatoires pour tous les employeurs de main-d'œuvre ;

Considérant :

1° Que les Chambres de Commerce sont, de par la loi organique du 9 avril 1898, seules qualifiées, d'une part, pour développer et organiser, avec le concours des syndicats professionnels, les œuvres d'apprentissage ; d'autre part, pour percevoir sur tous les industriels et commerçants de leur circonscription les centimes additionnels, sous réserve de modalités spéciales à prévoir en ce qui concerne les départements recouvrés, les mines, les chemins de fer ;

2° Que les fonds ainsi recueillis, représentant actuellement une somme de 50 millions et obligatoirement votés par les Chambres de Commerce, doivent être exclusivement affectés aux dépenses normales des œuvres d'apprentissage proprement dites par les Chambres de commerce ou par des organismes autonomes à créer éventuellement avec le concours des Chambres de Commerce ;

3° Qu'il convient strictement de ne considérer comme œuvres d'apprentissage que :

a) L'orientation professionnelle ;

b) L'apprentissage dans les ateliers et usines ;

c) Les cours d'apprentissage existant dans les écoles jumelées ;

d) Les cours professionnels ;

e) Les écoles de métiers ;

f) Les écoles pratiques de commerce et d'industrie ;

4° Qu'il est de toute justice d'exonérer, à due concurrence des sommes effectivement consacrées par eux à l'apprentissage, les assujettis qui se sont imposés des sacrifices en faveur de l'apprentissage,

Emet le vœu que la taxe telle que prévue par l'article 18 du projet de loi de finances pour 1925 soit repoussé par le Parlement.

LYON

La Chambre a adopté le rapport de M. Celle dont voici les principaux passages :

...Il apparaît manifestement qu'une taxe générale sur tous les salaires du commerce et de l'industrie serait exagérée et abusive. La grande masse des commerçants, petits et grands, paierait, pour l'entretien des œuvres d'apprentissage, le même impôt que les industriels qui y sont directement intéressés. D'autre part, les très nombreux industriels qui, par la nature de leur entreprise ou leur situation isolée, doivent former eux-mêmes leurs apprentis, auraient une double charge à supporter. Il est vrai que le projet prévoit des exonérations possibles pour les chefs d'entreprise qui auraient pris des dispositions en vue de favoriser l'enseignement technique et l'apprentissage. Mais cette promesse est vague et, si on veut l'exécuter, combien faudra-t-il de contrôleurs pour visiter tous les ateliers et toutes les usines de France, et quelle devra être la compétence de ces contrôleurs pour apprécier les cas d'exonération ?

La taxe projetée, établie sur une base nouvelle dans notre système fiscal, imposera à tous les commerçants et industriels une nouvelle série de déclarations et, par suite, de contrôles et d'inquisitions ; pour des sommes souvent minimes, ses frais de perception atteindront sans doute un pourcentage fort élevé. Enfin, en raison de son caractère souvent abusif, elle sera l'occasion fréquente de gaspillage et de dépenses inutiles. Les industriels appartenant à des corporations dont le personnel ne requiert qu'une formation professionnelle très sommaire et qui estimaient jusqu'ici que les frais et le temps dépensés dans les cours ou les écoles seraient en disproportion complète avec le profit que pourraient en retirer leurs ouvriers, n'hésiteront pas à demander eux aussi des institutions d'apprentissage et d'enseignement technique afin de ne pas perdre complètement le montant des taxes qui leur seraient imposées d'office.

Pour ces raisons, les syndicats commerciaux et industriels lyonnais consultés se sont déclarés, à la presque unanimité, hostiles à la taxe générale et uniforme d'apprentissage. Ils repoussent aussi résolument le principe de l'ingérence de l'Etat dans l'organisation et la direction de l'apprentissage.

L'apprentissage du personnel est une partie intégrante du fonctionnement d'une entreprise industrielle ; il doit donc dépendre de ceux qui sont responsables de la direction de l'entreprise.

TOULOUSE

La Chambre de Commerce de Toulouse a adopté la délibération suivante :

Après avoir pris connaissance, tant de l'article 18 du projet de budget instituant, à la charge des industriels et des commerçants, une taxe, dite d'apprentissage, fixée à 0.50 0/0 du montant des salaires, que du rapport présenté à ce sujet par l'un de ses membres,

La Chambre de Commerce,

Opposée à tout nouvel impôt,

Considérant que le produit de la taxe proposée se confondrait avec les ressources générales du budget et concourrait ainsi à couvrir de toutes autres dépenses que les frais d'organisation de l'apprentissage, pour lequel il est prévu, par le gouvernement lui-même, une allocation de

5.282.100 francs seulement sur les 100.433.639 francs que, d'après ses calculs, doit produire cet impôt ;

Qu'il y a lieu de protester énergiquement contre une pratique qui tend à mettre à la charge d'une catégorie de contribuables des dépenses qui incombent à la collectivité ;

Que la taxe projetée atteindrait très inégalement les divers commerces et industries, par rapport aux capitaux engagés et aux bénéfices réalisés, suivant qu'ils occupent une main-d'œuvre plus ou moins importante ;

Que le projet du gouvernement ne tient aucun compte des efforts déjà réalisés et des sacrifices très importants consentis par nombre d'industriels en faveur de l'apprentissage ;

Qu'il est inadmissible de proposer l'établissement d'une « taxe d'apprentissage » basée sur le montant des salaires alors que l'on n'a déterminé ni les dépenses nécessaires aux œuvres d'apprentissage constituées dans le cadre de la loi du 25 juillet 1919, ni le chiffre des salaires qui seraient passibles de cette taxe ;

Que c'est aux Chambres de Commerce qu'il appartient d'organiser l'apprentissage dans leurs circonscriptions respectives, conformément aux nécessités de leurs régions, de fixer le montant du budget qui répondra à ces besoins et de rechercher les moyens de l'alimenter ;

Emet, à l'unanimité des membres présents, le vœu que la taxe prévue par l'article 18 du projet de loi de finances pour 1925 soit repoussé par le Parlement.

SAINT-ETIENNE

Après examen du projet, la Chambre de Commerce de Saint-Etienne a émis le vœu suivant :

1° Que les dépenses d'utilité générale qui incombent à la collectivité, ne soient pas exclusivement supportées par une catégorie particulière d'assujettis et qu'il y soit subvenu, comme auparavant, par les recettes générales ;

2° Que soient étudiées et déterminées, aussi exactement que possible, les dépenses nécessitées par l'application de la loi du 25 juillet 1919 et la création d'organismes nouveaux prévus pour le développement de l'apprentissage et de l'enseignement professionnel ;

3° Que seules ces dépenses puissent être mise à la charge des employeurs et qu'il soit pourvu au moyen d'une imposition additionnelle à la contribution des patentes, variant suivant le besoin de chaque région et de chaque profession, et limitée à dix centimes, au maximum, afin de ne pas surcharger les rôles des employeurs, déjà submergés sous le nombre et le poids des impôts ;

4° Que tous, sans exception, commerçants, industriels et artisans, soient assujettis à cet impôt, mais que ceux qui font la preuve de leurs sacrifices, en faveur de l'enseignement professionnel, en soient dégrevés, en totalité ou en partie, suivant l'importance de leur action à cet égard (à l'exception de certaines professions commerciales où l'apprentissage n'est pas applicable) ;

5° Que l'affectation des ressources que procurera cet impôt soit faite par les Chambres de Commerce, auxquelles la loi confère les attributions les plus importantes en matière d'apprentissage et d'enseignement professionnel.

CAMBRAI

La Chambre de Commerce de Cambrai :

Considérant que l'article 18 du projet de loi de finances pour 1925 prévoit l'établissement d'une taxe de un demi pour cent du montant total des appointements, salaires et toutes rétributions en espèces payés pendant l'année précédente par toutes les personnes ou sociétés exerçant une profession industrielle ou commerciale ou se livrant à l'exploitation minière, à l'exception de celles qui ne sont pas assujetties à l'impôt sur les bénéfices commerciaux et industriels, et que le produit de cette taxe, rattaché au budget de l'Etat, est destiné au développement de l'enseignement technique et de l'apprentissage.

Conformément à sa délibération du 16 mars 1922;

Considérant que la loi organique relative aux Chambres de commerce comprend dans leurs attributions toutes les œuvres utiles aux commerce et à l'industrie et notamment l'enseignement professionnel, et leur permet de se procurer les ressources nécessaires au moyen de centimes additionnels à la patente;

Que de nombreuses Chambres de commerce ont, sous des formes diverses, adéquates aux besoins et aux usages locaux, montré leur ferme volonté d'organiser l'apprentissage;

Qu'il convient de prendre comme noyau dans chaque profession les Chambres syndicales, dont il est indispensable de respecter les œuvres d'apprentissage.

Considérant que la loi du 25 juillet 1919, dite loi Astier, réserve à l'initiative privée un rôle fondamental, qu'il faut lui maintenir.

Qu'il y a lieu d'attendre les résultats de la mise en application de cette loi avant d'en voter une autre;

Considérant que le plus urgent est d'encourager les efforts des Chambres de Commerce, institutions les plus qualifiées par leurs attributions légales pour susciter et guider l'organisation de l'apprentissage, et de les inviter à se concerter pour faire connaître, après expérience, et s'il y a lieu, les moyens que le Parlement devait mettre à leur disposition.

La Chambre de Commerce de Cambrai,

Proteste contre l'erreur et l'injustice que commettrait toute loi dépouillant les Chambres de Commerce de leurs attributions légales,

Et émet le vœu que la taxe prévue par l'article 18 du projet de loi de finances pour 1925 soit repoussée par le Parlement.

La Discussion à la Chambre

M. de Moro-Giafferri

Sous-Secrétaire d'Etat à l'Enseignement technique

A la séance du 23 février 1925 M. le Sous-Secrétaire d'Etat à l'Enseignement technique a prononcé, à propos de l'amendement ABOUT, tendant à la disjonction de la taxe de l'ensemble de la loi de finances, le discours suivant :

M. LE SOUS-SECRÉTAIRE D'ETAT DE L'ENSEIGNEMENT TECHNIQUE. — La Chambre entend que, s'agissant de recueillir des ressources, le Sous-Secrétaire d'Etat de l'Enseignement technique pourrait se dispenser d'intervenir dans le débat.

Vous avez voté un programme. C'était, à mes yeux, l'essentiel. Quant au meilleur moyen de faire face aux dépenses que vous avez décidées, M. le Ministre des Finances, seul, avait qualité pour formuler une opinion.

Mais la Chambre sait que j'ai quelque part d'initiative dans le projet qui vous est soumis et c'est pourquoi, brièvement, j'entends m'en expliquer.

D'autres orateurs prendront la parole sur l'article 23, et j'aurais préféré n'avoir à intervenir qu'une fois. La Chambre veut-elle que je lui indique immédiatement la réponse que je crois devoir faire à toutes les objections, que je connais d'ailleurs?...

MM. ROBERT SÉROT et DE TINGUY. — Statuons d'abord sur la disjonction.

M. LE SOUS-SECRÉTAIRE D'ETAT DE L'ENSEIGNEMENT TECHNIQUE. — A propos de la disjonction, c'est toute la question qui se pose.

M. ABOUT s'est fait l'interprète d'une protestation dont les rédacteurs sont les présidents des chambres de commerce.

Il est exact que, dans l'instant où je croyais avoir l'assentiment des assujettis — et je m'en félicitais hautement — les chambres de commerce, par l'organe de leurs présidents, ont manifesté combien leur sentiment était peu favorable à mes intentions.

J'en aurais été très affecté si l'opposition avait été le résultat d'une discussion. Je n'avais pas à m'émouvoir outre mesure d'une opinion qui avait préféré demeurer unilatérale, car je n'ai cessé d'offrir la discussion ou, tout au moins, l'explication.

Je n'ai cessé de faire connaître, notamment, aux présidents des chambres de commerce, pendant qu'ils étaient à Paris, que le mieux, pour épuiser un débat comme celui-ci, était d'éviter toute équivoque. Il est plus facile de rédiger un ordre du jour que de répondre à une discussion.

Pardonnez-moi, dès lors, de demander que la Chambre examine le problème en lui-même, sans attacher plus d'importance qu'il ne convient à des protestations peut-être, jusqu'alors, mal éclairées.

Quel est le projet ? Je veux d'abord mettre la Chambre en garde contre l'erreur qui consisterait à imaginer que le gouvernement, par la création de la taxe d'apprentissage, a voulu commettre je ne sais quelle révolution fiscale.

Il ne peut pas s'agir d'une spécialisation. Nous n'entendons pas porter atteinte à la règle de l'unité budgétaire. Mais — c'est une déclaration que je fais en présence et sous le contrôle de M. le Ministre des Finances, et je suis certain qu'il voudra expressément ratifier mes paroles — il demeure entendu que le produit de la taxe d'apprentissage, si les Chambres la votent, doit aller intégralement à l'enseignement technique, à la formation des apprentis et au développement de l'instruction commerciale et industrielle dans notre pays.

M. Join Lambert. — Et la sanction ?

M. Prevet. — On a fait la même promesse à propos de l'expansion commerciale à l'étranger et elle n'a jamais été tenue.

M. Join Lambert. — Et les sapeurs-pompiers ? (*Rires et applaudissements.*)

M. le Président. — Pas d'interruptions incendiaires ! (*Sourires.*)

M. Guérin. — Au contraire ! (*Sourires.*)

M. le Sous-Secrétaire d'Etat de l'Enseignement technique. — Permettez-moi de ne pas m'attarder à cette interruption que M. le Président qualifie justement d'incendiaire... (*Sourires.*)

Il ne s'agit pas des sapeurs-pompiers. Il s'agit de savoir si la promesse que nous vous faisons, si l'engagement qui sera pris tout à l'heure, au nom du gouvernement, par M. le Ministre des Finances, sont de nature à vous donner des apaisements. Oui !

M. Prevet. — Non : il y a des précédents.

M. le Sous-Secrétaire d'Etat de l'Enseignement technique. — Comme nous savons qu'il y a des précédents, dont nous ne sommes d'ailleurs pas directement responsables...

Sur divers bancs à droite. — Non !

M. le Sous-Secrétaire d'Etat de l'Enseignement technique. — ...nous sommes préoccupés, messieurs, de vous apporter un apaisement supplémentaire. C'est pourquoi, d'accord avec M. le Ministre des Finances, j'ai accepté l'amendement de M. Verlot.

Dans cet amendement est prévu, aussi brièvement mais aussi complètement qu'il est possible dans une loi de finances, l'institution de chambres d'apprentissage. M. VERLOT vous expliquera quelle doit en être la composition.

Dans son esprit et dans le mien, ces chambres d'apprentissage doivent avoir surtout pour mission d'établir l'assiette de l'impôt nouveau. Car j'entends que la qualification légale est celle-là. Je n'ai pas l'habitude de masquer ma pensée à ce point. C'est la qualification juste, mais avec cette particularité, que vous voudrez bien reconnaître assez exceptionnelle, que l'assiette de l'impôt sera établie par des chambres d'apprentissage, où seront équitablement représentés les assujettis, c'est-à-dire les commerçants et les industriels appelés à payer la taxe.

M. LOUIS NICOLLE. — Les chambres d'apprentissage ne sont pas en discussion aujourd'hui ?

M. LEFAS. — Si, cette discussion viendra à propos de l'article 23.

M. LE SOUS-SECRÉTAIRE D'ETAT DE L'ENSEIGNEMENT TECHNIQUE. — En effet, et lorsque l'on votera sur l'amendement de M. VERLOT, il n'échappera à personne que l'essentiel de cet amendement est ceci.

Nous avons prévu — je peux bien m'excuser de réclamer une part indivise de paternité dans ce texte, puisque nous l'avons examiné ensemble avant qu'il soit discuté devant vous — nous avons prévu que le rôle essentiel des chambres d'apprentissage serait d'établir l'assiette de l'impôt et qu'elles seraient aussi chargées de se prononcer sur un élément particulièrement important à mes yeux : les dérogations prévues.

Qu'avons-nous entendu par là ?

Je n'entrerai pas dans des développements qui pourraient retenir plus longtemps qu'il n'est nécessaire l'attention de la Chambre. Mais j'entends faire une déclaration par laquelle je crois pouvoir, sans hésitation, engager le gouvernement tout entier.

Les chambres de commerce, me semble-t-il, se sont égarées, parce qu'elles ont cru que, poursuivant je ne sais quel dessein d'étatisme, nous avions la volonté de méconnaître les efforts tentés antérieurement par les initiatives individuelles et que nous refusions tout concours, risquant ainsi de rendre leurs efforts stériles, à tous les patrons qui, isolément ou groupés, avaient rempli d'une façon plus ou moins complète — et quelques-uns l'ont rempli d'une façon très complète — leur devoir social de patrons.

J'affirme qu'il n'en est rien. Si, d'aventure, quelqu'un me posait encore la question qu'on m'a posée tout à l'heure : « Quelles garanties nous donnez-vous ? » je répondrais : je crois bien que nous avons déjà commencé à vous en donner.

Beaucoup de patrons, en effet, ont fait de l'apprentissage et ils l'ont fait admirablement.

Le Sous-Secrétariat d'Etat de l'Enseignement technique — je vais faire ici l'éloge de mes prédécesseurs, et il n'y aura dans mes paroles aucune vanité, mais, au contraire, beaucoup d'humilité — le Sous-Secrétariat de l'Enseignement technique n'a jamais manqué d'encourager cet effort. Je n'ai eu, quant à moi, qu'à le suivre.

Lisez mon budget. Vous verrez qu'il rentre dans mon programme, non pas de défaire, mais de parfaire ce qui avait été entrepris par mes prédécesseurs.

Il m'est arrivé souvent d'aller visiter des écoles d'apprentissage instituées, soit par des particuliers, soit par des sociétés, et, dans la mesure où mes encouragements pouvaient avoir quelque portée, je ne les ai jamais ménagés. (*Applaudissements sur divers bancs.*)

Voulez-vous que je prenne un exemple qui se réfère à une industrie particulière, celle des chemins de fer ?

Vous serez saisis tout à l'heure d'un amendement émanant de M. Gros, qui demande que les compagnies de chemins de fer et, en général, les sociétés de transport soient également soumises à la taxe d'apprentissage.

Je peux déjà annoncer que nous sommes, à ce sujet, en plein accord. Nous estimons que les compagnies de chemins de fer doivent, comme les autres industries, participer aux dépenses de l'apprentissage.

M. Guérin. — L'Etat les leur remboursera.

M. le Sous-Secrétaire d'Etat de l'Enseignement technique. — Ce serait une raison de plus pour que j'accueille sans grandes inquiétudes les protestations qui pourraient être formulées de leur part. Mais je choisis cet exemple parce que je dois vous dire en toute sincérité que nous avons hésité quelque temps avant de vous proposer le texte qui vous est soumis.

Sur le principe d'une taxe d'apprentissage, je maintiens que tout le monde était d'accord. Commerçants, industriels, n'ont cessé de dire avec nous que la crise de l'apprentissage était particulièrement dangereuse, qu'elle risquait d'être mortelle pour notre pays et qu'on ne saurait trop activement intervenir dans ce domaine, le meilleur moyen d'économiser étant souvent d'encourager la production.

M. Prevet. — C'est la loi de huit heures qui a amené cette crise. Elle n'existait pas auparavant.

M. le Sous-Secrétaire d'Etat de l'Enseignement technique. — C'est à partir du moment où nous devions déterminer les modalités que la discussion commença. D'aucuns pensaient qu'il fallait laisser à l'impôt sur la patente le soin de nous fournir les sommes nécessaires. D'autres ont proposé de recourir à une aggravation de l'impôt sur le chiffre d'affaires.

Pour des raisons que vous apercevez, nous avons repoussé cette suggestion. D'ailleurs, nous aurons la même attitude dans quelques instants — car j'espère que ces débats ne vont pas se prolonger longtemps — lorsque M. Edmond BOYER vous demandera d'adopter comme base de la taxe d'apprentissage, non pas le salaire, mais l'impôt sur les bénéfices commerciaux.

Je ne pense pas que cet impôt soit tellement populaire qu'il convienne d'étendre son champ d'application. (*Très bien! très bien!*)

M. MAURICE VIOLLETTE, *rapporteur général*. — Il y a une autre raison de n'en rien faire : c'est que la taxe ne s'appliquerait pas aux exploitations minières.

M. LE SOUS-SECRÉTAIRE D'ETAT DE L'ENSEIGNEMENT TECHNIQUE. — Ni aux exploitations minières, ni aux colonies. Nous avons pensé que le plus simple et le plus sûr, en une matière et en un moment où il nous était interdit de nous lancer imprudemment dans une aventure, était d'adopter la base du salaire.

Chaque patron d'industrie sera astreint à la taxe, exception faite des artisans et des petits patrons, c'est-à-dire de ceux qui emploient moins de six ouvriers au-dessus de dix-huit ans — au-dessus et non au-dessous — : je précise, car le texte du rapport contient une erreur typographique, que je regrette. Je vous demande de rectifier cette erreur au cours de vos lectures.

Nous voulons faire bénéficier de l'exemption tous les petits patrons. C'est ce que nous avons décidé, d'accord avec la commission des finances et avec le M. le Ministre des Finances.

Nous avons, en effet, pensé que le mieux, sous la réserve que je viens de faire, était de demander une contribution proportionnée à la main-d'œuvre qu'ils emploient.

D'une façon générale, on peut dire, sauf des exceptions et des réserves que je ne négligerai point, que l'intérêt de l'industrie et du commerce, en fait l'intérêt du patron à la culture professionnelle de l'employé, est en proportion directe du nombre de salariés que l'on emploie.

Il s'agissait d'atteindre un chiffre de 100 millions. D'aucuns ont trouvé que ce chiffre était exorbitant. Les chambres de commerce qui, je le dis à leur excuse, n'avaient pas cru nécessaire de se renseigner pour combattre le projet auprès de celui qui en prenait la responsabilité devant le Parlement et devant l'opinion, les chambres de commerce n'ont pas manqué de répéter partout qu'elles ne consentiraient, en aucune façon, des sacrifices dont la plus claire affectation serait de payer les appointement du Sous-Secrétaire d'Etat... (*Interruptions à droite et sur divers bancs.*)

M. ABOUT. — Elles n'ont jamais dit cela.

M. ROBERT SÉROT. — Jamais !

M. ABOUT. — S'il n'y avait que cet inconvénient nous sommes persuadés que pour le supprimer et éviter toute protestation de la part des chambres de commerce vous n'hésiteriez pas à abandonner votre traitement.

M. LE SOUS-SECRÉTAIRE D'ETAT DE L'ENSEIGNEMENT TECHNIQUE.
— Il ne m'est pas venu à l'esprit que, dans l'instant où je par-
lais d'une erreur commise par des présidents de chambres de
commerce, je disais quelque chose qui pût vous atteindre directement. Nous représentons ici l'intérêt général. Je ne pense pas
qu'il y ait, d'un côté de cette Chambre, des membres qui représentent plus spécialement des intérêts particuliers. Si je le pen-
sais, j'aurais la courtoisie de ne pas le dire. (*Rires à gauche.*)

M. PREVET. — Les présidents de chambres de commerce représentent de très grands intérêts.

Lorsque vous réclamez des ressources considérables alors que
vous n'en pourrez employer qu'une partie, ils se demandent ce
que devient le reste.

M. LE SOUS-SECRÉTAIRE D'ETAT DE L'ENSEIGNEMENT TECHNIQUE.
— Les chambres de commerce, en effet, n'ont pas dit cela, elles
l'ont écrit. C'est dans leurs déclarations. Je vais tout de suite leur
apporter une satisfaction.

Pour toute l'amitié que je lui porte et qu'il veut bien me rendre,
je demanderai à M. le Ministre des Finances d'exclure des charges
de l'industrie et du commerce l'indemnité du Sous-Secrétaire
d'Etat à l'Enseignement technique et même les appointements de
son directeur qui touche, en effet, quelque 27.000 francs par an
pour remplir, avec la compétence et le zèle que vous savez, un
rôle singulièrement utile à la prospérité nationale. (*Applaudissements.*)

M. CLÉMENTEL, *Ministre des Finances.* — Et qui a refusé, de
la part de certains groupements industriels, des avantages considérables pour rester là où l'appelait son devoir. (*Nouveaux applaudissements.*)

M. LE RAPPORTEUR GÉNÉRAL. — Il est le véritable créateur de
l'Enseignement technique en France.

M. LE SOUS-SECRÉTAIRE D'ETAT DE L'ENSEIGNEMENT TECHNIQUE.
— Je remercie M. le rapporteur général de la commission des
finances d'avoir dit ce que n'osais pas dire moi-même.

Il a préféré nous rester, alors qu'il aurait retiré de son départ
des avantages dix fois supérieurs à ceux qu'on paraît trouver
excessifs.

Quant aux dépenses de l'administration centrale, car je veux
bien admettre qu'il ne s'agissait pas de nos modestes personnes
dans la grande levée de boucliers des chambres de commerce,
vous trouvez, à la lecture de nos budgets, les indications nécessaires : c'est un million que coûte cette administration centrale
de l'Enseignement technique ; et c'est pour un million que les
frais de l'administration centrale, malgré le développement que
ce demi-département pourrait être appelé à prendre, comptent

dans les 100 millions prévus au budget total. (*Très bien! très bien!*)

Les chambres de commerce, en effet, se sont élevées contre ce qu'elles ont appelé une inéquitable ventilation et elles ont pensé que ce n'était pas un chiffre de 100 millions que devait comprendre le budget de l'Enseignement technique et à quoi devait parer la taxe d'apprentissage ; mais on indiquait que cinquante, même trente millions suffiraient.

Appelons les choses par leur nom : les chambres de commerce prétendent — mais comme j'ai tort de parler ainsi ! — ceux qui ont parlé en leur nom prétendent... (*Interruptions à droite.*)

M. Prevet. — Les présidents de chambres de commerce ont le droit de parler en leur nom ; vous ne pouvez citer une seule délibérations, d'aucune chambre, désavouant son président.

Ce ne sont pas là des arguments.

M. le Sous-Secrétaire d'Etat de l'Enseignement technique. — Ai-je dit quoi que ce soit de blessant pour qui que ce soit ?

M. Prevet. — L'argument est déplaisant pour les chambres de commerce.

M. le Président. — Messieurs, veuillez au moins laisser l'orateur achever sa phrase, avant de l'interrompre.

M. About. — Les délibérations des chambres de commerce que j'ai citées à la tribune ont toutes été prises à l'unanimité.

M. le Sous-Secrétaire d'Etat de l'Enseignement technique. — J'ai dit que j'avais tort de mettre en cause les chambres de commerce ; laissez-moi au moins m'en accuser. Combien vous êtes exigeants ! Un orateur vient de dire : « J'ai tort », et, en l'instant même, vous protestez ! (*Sourires.*) Est-ce une façon d'abonder en son sens? Non, évidemment ! J'ai tort, ai-je dit, de généraliser. Je m'excuse de l'avoir fait. Voilà ce que je voulais dire et ce que vous m'avez empêché de dire. (*Très bien! très bien!*) Et puisque nous sommes en veine de confession, avouez que vous avez eu tort de m'interrompre pour si peu. (*Très bien! très bien! et rires.*)

Ceux, en tout cas, qui se sont cru autorisés à parler au nom des chambres de commerce ont indiqué qu'il était légitime que la taxe d'apprentissage, si elle était fondée, parât à certaines de nos dépenses et non aux autres.

Par exemple, on estimait que c'était à bon droit que le commerce et l'industrie pouvaient être appelés à subvenir aux frais des cours professionnels, mais qu'en ce qui concerne les écoles professionnelles, c'était un luxe vraiment inutile à la prosperité nationale du commerce et de l'industrie.

D'autres enfin, consentaient à ce que le budget des écoles professionnelles fût réglé par la taxe, mais ont protesté contre ce luxe inouï consistant à prévoir dans le même chapitre les dépenses par exemple de telles institutions qui assurent un enseignement supérieur ; et j'ai entendu, à moins que je ne me sois mépris, dans les lectures qui vous étaient faites, viser directement le Conservatoire des Arts et Métiers.

M. About. — Je n'ai nullement entendu viser le Conservatoire des Arts et Métiers, Monsieur le Ministre, et n'en ai pas même parlé à la tribune.

M. le Sous-Secrétaire d'Etat de l'Enseignement technique. — Alors je me suis mépris. Cependant l'observation se retrouve dans un certain nombre de délibérations qui m'ont été soumises. Or, non seulement nous ne pensons pas que les cours professionnels soient la partie la moins importante de l'enseignement technique, mais nous pensons que ce sont éminemment ceux qui permettent la formation de l'apprentissage.

Comment les cours professionnels s'installent-ils ? Où sont-ils créés ? Comment prospèrent-ils, et, tout d'abord, quels sont leurs moyens d'action ?

J'aurais l'air, messieurs, de dire une vérité de La Palice en vous rappelant qu'il leur faut du personnel et du matériel, et que partout où nous créons une école professionnelle, école de métiers, école pratique, école nationale professionnelle, le personnel et le matériel sont automatiquement utilisés à la création de cours professionnels.

L'expérience, une expérience qu'on voudra bien ne pas discuter, démontre que, partout où les écoles professionnelles existent et sont nombreuses, les cours professionnels donnent les résultats les meilleurs. Il y a un parallélisme constant entre l'existence des unes et celle des autres.

Laissez-moi vous indiquer, et j'en tire, au nom de l'administration que je dirige, quelque vanité, qu'au dernier concours, qu'on a appelé le concours du meilleur ouvrier, le concours du travail, auquel quelques-uns d'entre vous se sont intéressés, ce dont je les remercie, nous avons fait cette double constatation que le meilleur ouvrier en mécanique était un contremaître d'une de nos écoles, et que le meilleur apprenti était un élève d'une de nos écoles. Peut-être pouvons-nous conclure, sans nous hâter de conclure d'un exemple particulier au général, qu'il y a là, du moins, une indication singulièrement précieuse.

Si je ne craignais d'allonger ce débat que je désire, au contraire, abréger le plus possible... (*Parlez ! parlez !*)

M. de Tinguy. — Parlez ! la question en vaut la peine.

M. le Sous-Secrétaire d'Etat de l'Enseignement technique. — ...je vous demanderais la permission de citer sur ce point quelques opinions dont on voudra bien reconnaître l'autorité. Ce sont des opinions émises par des commerçants et des industriels, présidents de nos jurys pour l'examen d'aptitude professionnelle.

Voici quelques-unes de leurs opinions que je cite au hasard.

Le président du jury d'examen du Havre écrit :

« A notre époque où tout est mis en œuvre pour favoriser le développement de l'apprentissage, les membres du jury se sont plu à reconnaître que le niveau des connaissances générales de nos jeunes apprentis se relève grâce aux cours de technicologie et de dessin. »

Au centre d'Elbeuf, le président du jury conclut en ces termes :

« Les élèves de l'école pratique ont montré une supériorité incontestable sur les mécaniciens des ateliers, aussi bien dans les épreuves techniques, ce qui était facile à prévoir, que dans l'épreuve pratique. »

Le titulaire des mêmes fonctions au centre de Saint-Nazaire — je cite son nom, parce que c'est une personnalité professionnelle bien connue — M. JOUBERT, a écrit :

« Les résultats d'ensemble viennent à nouveau confirmer la supériorité de l'enseignement professionnel donné à l'école pratique et qui avait déjà été constaté d'une façon remarquable à l'issue des examens de l'année précédente.

« Mais si nous poussons plus loin les sondages qu'il est possible d'effectuer dans les notes attribuées, nous constaterons, pour les seules catégories où nos élèves étaient en concurrence avec les apprentis de l'industrie, que leurs moyennes générales et particulières sont supérieures à celles des autres jeunes gens »

Et il concluait en ces termes :

« Vous me permettrez pourtant de conclure par l'affirmation nette que l'école pratique est supérieure à toute autre institution pour la préparation des apprentis. »

Enfin, à Marseille — j'ai choisi à dessein des régions différentes — un industriel bien connu, M. PELLEGRINI, a écrit ceci :

« A la simple inspection des croquis, un spécialiste pouvait constater que tous les élèves, quels qu'ils soient, venus de l'extérieur, étaient dans leur ensemble et malgré leur âge, de beaucoup inférieurs aux élèves des écoles pratiques. »

Si je voulais, d'un argument que je désirerais dépouiller de tout caractère de polémique, vous montrer, par l'aveu même de ceux qui se sont établis ici nos contradicteurs, combien nous avons raison de considérer l'enseignement technique scolaire comme indispensable à la formation professionnelle, j'évoquerais volontiers une lettre qui a été écrite, le 5 mai 1922, par le président de la chambre de commerce de Dijon. une autorité que l'on ne récusera pas.

Des examens d'aptitude professionnelle avaient lieu. Les élèves des écoles y étaient convoqués en même temps que les apprentis formés par l'initiative privée. Vous croyez peut-être que le président de la chambre de commerce de Dijon s'en félicitait. Non, c'était le contraire. Voici ce qu'il écrivait :

« La loi du 25 juillet 1919 impose, comme sanction de fin d'études, la passation de l'examen du certificat d'aptitude professionnelle. Nous sommes en mesure de faire participer nos élèves à l'examen dans des conditions normales. Mais nous avons appris qu'une circulaire ministérielle enjoint aux directeurs des écoles pratiques de faire participer également leurs élèves à cet examen.

« La durée de l'enseignement annuel dans notre école d'apprentissage est d'environ 190 heures. Le nombre d'heures consacrées à l'enseignement dans les écoles pratiques est de 1.850 environ. Il nous semble que, dans ces conditions, il est difficile de mettre en parallèle les apprentis et les élèves des écoles pratiques, le temps consacré à l'enseignement et le niveau des programmes étant par trop différents. »

Et il ajoutait :

« Nous estimons, d'autre part, que l'effet moral sur nos apprentis que nous avons, du reste, pu difficilement décider à affronter cet examen sera désastreux, qu'il pourrait y avoir là une cause certaine d'échec pour cet examen. »

Je ne critique pas. Je ne dis pas que l'on fut coupable de n'accorder que 190 heures d'études par an aux apprentis, pour la formation de qui ont prétend avoir un privilège exclusif.

Je supplie la Chambre de m'entendre dans un débat où je ne me soucie pas d'obtenir la majorité pour l'adoption du texte que je propose ; mais où je voudrais avoir l'unanimité de votre consentement. Il ne s'agit pas de voter un texte ; il s'agit de nous permettre de travailler à une chose essentielle : la meilleure production des forces laborieuses de notre pays. (*Applaudissements.*)

La seule épreuve que nous pouvions instituer, c'était l'examen du certificat d'aptitude. Cet examen, nous l'avons multiplié. A la tête du jury, nous avons placé des commerçants et des industriels. Unanimement — je défie qu'on me cite une opinion contraire — ces industriels et ces commerçants nous ont déclaré que les apprentis formés par nos écoles étaient de beaucoup supérieurs comme instruction manuelle aux apprentis formés par les ateliers.

Quant à l'argument timidement ébauché par quelques-uns et qui consisterait à dire que les « instituts supérieurs » — c'est ainsi qu'on les a appelés dans la polémique — étaient superflus pour les besoins de l'industrie — je reprends d'un mot ce que je disais ici, il y a quelques semaines à peine — je ne saurais mieux y répondre qu'en invitant ceux d'entre vous qui, le soir, auraient quelque loisir, à se rendre au Conservatoire des Arts et Métiers. Il y verront, aux cours du soir, dans de grandes salles, des milliers d'ouvriers qui, après avoir travaillé tout le jour, viennent compléter leur instruction professionnelle.

Ce n'est pas parce que cette instruction est donnée à une population ouvrière, dans une grande et noble maison, où l'on peut admirer la marmite de Papin ou la machine à calculer de Pascal, que nous y trouverons une raison qui suffira à nous faire accepter une doctrine dont le moins que je puisse dire est qu'elle est de vues singulièrement étroites et d'un égoïsme singulièrement inattendu. (*Applaudissements à gauche et à l'extrême gauche.*)

Quoi ? L'industrie, le commerce, la prospérité du pays seraient sans intérêt direct avec les progrès de l'intelligence, avec tous les efforts du génie national !

M. PREVET. — Personne ne l'a jamais prétendu !

M. LE SOUS-SECRÉTAIRE D'ETAT DE L'ENSEIGNEMENT TECHNIQUE. — J'attends que quelqu'un vienne soutenir cette thèse à cette tribune. La Chambre pourra alors décider en toute indépendance qui, de nous ou de nos contradicteurs, est le meilleur ménager de l'intérêt public. (*Très bien! très bien! sur les mêmes bancs.*)

A mes yeux, messieurs, il y a là un ensemble : les écoles qui forment des ingénieurs, les écoles où on les spécialise, les écoles où l'on prépare d'excellents contremaîtres, les écoles, enfin, où l'on forme des ouvriers qualifiés : toutes concourent au même but, toutes peuvent avoir pour résultat, ce que, j'imagine, nous désirons les uns et les autres, d'un cœur égal : obtenir une production plus grande d'efforts mieux instruits, mieux compris et mieux dirigés. (*Très bien! très bien!*)

Je crois, messieurs, vous en avoir assez dit sur ce point, et j'ai hâte d'aboutir à la conclusion que je vous propose.

C'est l'ensemble de notre budget qui intéresse la nation, et plus particulièrement les patrons de l'industrie et du commerce.

A dire vrai, ils l'ont toujours reconnu, et je suis certain que, si le produit de la taxe d'apprentissage, de par le projet gouvernemental, était laissé entre les mains de quelques organismes privés, nous n'aurions pas, à cette tribune, de contradicteurs ; nous n'en aurions pas eu davantage dans la presse, et même — pourquoi ne pas le dire ? — dans les chambres de commerce.

Messieurs, je n'aurais vu, quant à moi, aucun inconvénient à ce que des organes privés, revêtus plus ou moins d'une autorité publique, fussent chargés de percevoir cette taxe. La perception d'une taxe, lorsqu'elle n'est pas une nécessité, n'est jamais un fardeau dont l'Etat se soucie.

La seule question était celle-ci : quels étaient les organismes qualifiés ? qui donc, à la place de l'Etat, pouvait percevoir cette contribution particulière et à objet déterminé, sur la nécessité de quoi tout le monde est d'accord ? Les chambres de commerce ?

M. PREVET. — Oui. La loi actuelle les autorise à percevoir la taxe.

M. LE SOUS-SECRÉTAIRE D'ETAT DE L'ENSEIGNEMENT TECHNIQUE. — Monsieur PREVET, permettez-moi de vous dire familièrement que je viens de gagner un pari avec moi-même.

J'avais parié que quelqu'un me répondrait comme vous venez de le faire : j'étais même certain que la réponse viendrait de votre côté.

Dites-moi, mon cher collègue : qui donc a empêché les chambres de commerce de percevoir cette taxe ? (*Vifs applaudissements à gauche et à l'extrême gauche.*)

M. PREVET. — Je vais vous le dire, si vous le permettez.

M. LE SOUS-SECRÉTAIRE D'ETAT DE L'ENSEIGNEMENT TECHNIQUE. — Je préférerais continuer mon exposé.

M. PREVET. — Vous m'avez posé une question ; laissez-moi y répondre.

M. LE SOUS-SECRÉTAIRE D'ETAT DE L'ENSEIGNEMENT TECHNIQUE. — Je vous y autorise.

M. PREVET. — Le Ministre du Commerce qui est le tuteur des chambres de commerce s'est depuis des années et des années opposé à l'augmentation des taxes que demandaient les chambres de commerce, parce que l'Etat, ayant de gros besoins d'argent, il lui importait de limiter le plus possible les ressources des différents offices et des chambres de commerce.

Si votre proposition a rencontré une telle opposition auprès des chambres de commerce, c'est parce qu'elles savaient que le budget de 1925 allait augmenter considérablement les charges supportées par les commerçants et les industriels.

Dans votre budget particulier, vous proposez de prélever, par un impôt d'un demi-centime p. 100, plus de 100 millions sur le commerce et l'industrie, alors que vous ne prévoyez que des dépenses de beaucoup inférieures à cette somme. Les commerçants et les industriels, qui vont être surchargés d'impôt par le budget de 1925, ont trouvé qu'il est excessif de leur imposer, au titre de l'apprentissage et de l'enseignement technique, le versement de sommes qui ne pourraient pas être dépensées pendant l'année 1925.

C'est la raison, et la seule, de leur opposition.

Faites la loi qui les autorise à percevoir les taxes nécessaires à l'organisation de l'apprentissage et mettez les écoles d'apprentissage sous leur surveillance et leur contrôle, et elles seront les premières à accepter votre proposition. (*Applaudissements au centre et à droite. — Interruptions à l'extrême gauche.*)

M. CAITUCOLI. — Nous voulons un apprentissage d'Etat.

M. CAMILLE-BÉNASSY. — Ces 100 millions bien placés rapporteront des milliards.

M. LE SOUS-SECRÉTAIRE D'ETAT DE L'ENSEIGNEMENT TECHNIQUE. — J'étais certain qu'à ma question, on me répondrai : les chambres de commerce ! Et lorsque j'ai ajouté : « Qui donc les empêchait de le faire ? », M. PREVET m'a répondu : « l'Etat, constamment ! »

M. BERTRAND LE MUN. — Il y en a qui l'ont fait.

M. LE RAPPORTEUR GÉNÉRAL. — Alors, les autres auraient pu le faire.

M. LE SOUS-SECRÉTAIRE D'ETAT DE L'ENSEIGNEMENT TECHNIQUE. — La meilleure preuve qu'on ne les a pas empêchées de le faire, c'est que M. Bertrand DE MUN vient de dire qu'il y a des chambres de commerce qui l'ont fait. Ce n'était donc pas impossible. (*Interruptions à droite. — Vifs applaudissements à gauche et à l'extrême gauche.*)

M. MICHEL WALTER. — Les chambres de commerce en Alsace-Lorraine l'ont fait.

M. LE SOUS-SECRÉTAIRE D'ETAT DE L'ENSEIGNEMENT TECHNIQUE. — Dans quelle mesure l'ont-elles fait ? Voilà la question.

Il y a là un conflit, que je déplore, car il n'est pas dans ma nature de souhaiter une discussion de ce caractère.

Tout le monde est d'accord : la taxe est nécessaire, mais qui la percevra : l'Etat ou les chambres de commerce ? Les chambres de commerce disent : nous. Qu'ont-elles fait ? (*Applaudissements à gauche et à l'extrême gauche.*) J'ai le regret d'être obligé de dire que le bilan de l'effort accompli par les chambres de commerce en matière d'enseignement professionnel, sauf des exceptions que je vais indiquer, s'est traduit par un procès-verbal de carence. (*Applaudissements sur les mêmes bancs. — Interruptions à droite.*)

Sur divers bancs à droite. — C'est inexact.

M. BLACHEZ. — La chambre de commerce d'Angers a organisé l'apprentissage pour un grand nombre de métiers.

M. LE SOUS-SECRÉTAIRE D'ETAT DE L'ENSEIGNEMENT TECHNIQUE. — J'ai là des chiffres.

Sur 151 chambres de commerce, il y en a 76 dont la contribution à l'enseignement technique se chiffre par zéro. (*Applaudissements à gauche et à l'extrême gauche. — Interruptions à droite.*)

Les présidents de ces mêmes chambres de commerce, qui signent les procès-verbaux et qui rédigent les protestations dont M. ABOUT se faisait le lecteur, ces mêmes présidents de chambres de commerce comptent parmi ceux qui n'ont jamais donné un centime à l'enseignement des ouvriers. (*Applaudissements à gauche et à l'extrême gauche. — Interruptions à droite.*)

M. PREVET. — Et celles qui ont organisé des cours sans rien demander à l'Etat, vous n'en tenez pas compte !

M. LE SOUS-SECRÉTAIRE D'ETAT DE L'ENSEIGNEMENT TECHNIQUE. — Je vais le dire ; j'ai l'habitude de la loyauté dans la discussion et j'ai commencé par indiquer qu'il y avait des exceptions et que je vous les ferais connaître.

Seulement, de deux choses l'une : ou je ne vous dis pas la vérité, ou je vous la dis ; mes chiffres seront au *Journal officiel*, on pourra les y retrouver, j'engage toute ma sincérité dans les recherches que j'ai faites.

Sur 151 chambres de commerce, 76 ne font rien ; 27 versent une somme variant de 50 francs à 1.000 francs.

18 autres, dont je pourrais publier la liste, je l'ai complète, payent de 1.000 à 4.000 francs. Enfin, 24 payent de 4.000 à 10.000 francs.

M. FÉLIX GOUIN. — Il serait intéressant de les connaître.

M. LE SOUS-SECRÉTAIRE D'ETAT DE L'ENSEIGNEMENT TECHNIQUE. — J'ajoute aussitôt qu'il y a des chambres de commerce qui font beaucoup ; la chambre de commerce de Dunkerque, celle de Nantes, celle de Tours, celle de Marseille, celle de Lyon et, enfin, celle de Paris, à qui je dois rendre un hommage particulier pour la prospérité, notamment, de ses cours de préapprentissage. Ces six chambres de commerce ont compris que la formation de leurs apprentis était une nécessité...

M. ABOUT. — J'ai cité la chambre de commerce de Lyon. L'affirmation que vous apportiez tout à l'heure est inexacte.

M. LE SOUS-SECRÉTAIRE D'ETAT DE L'ENSEIGNEMENT TECHNIQUE. — Celles-là ont compris leur devoir.

Mais quel est le total de l'effort de toutes les chambres de commerce de France ? 1.989.533 francs.

La chambre de commerce de Paris, à elle seule, représente la moitié de cette contribution (*Exclamations à l'extrême gauche*) et les autres chambres de commerce ne représentent pas un million en tout.

Qui donc les a empêchées d'agir ? (*Applaudissements à gauche et à l'extrême gauche.*)

A droite. — L'Etat, qui règle leur budget.

M. LE SOUS-SECRÉTAIRE D'ETAT DE L'ENSEIGNEMENT TECHNIQUE. — Je n'ai qu'une vanité, c'est la recherche de la vérité mathématique. Mes calculs sont exacts. Je défie qu'on les démente.

M. BERTRAND DE MUN. — Le calcul du versement est faussement interprété. Je vous en donnerai des exemples quand vous le voudrez.

M. LE SOUS-SECRÉTAIRE D'ETAT DE L'ENSEIGNEMENT TECHNIQUE. — Vous entendez que je n'ai pas eu la naïveté de faire un calcul unilatéral. Je me suis informé, j'ai provoqué la contradiction, je suis sûr de mes chiffres.

Je sais que la chambre de commerce de Paris dépense environ 1 million pour ses cours professionnels, ses cours de préapprentissage, ses instituts et offices d'orientation professionnelle.

Mais le total est infime.

Dès lors et chacun ayant eu depuis pas mal d'années le temps de donner sa mesure, le problème qui se pose est celui-ci : que doit faire l'Etat? S'en désintéresser ou agir?

Nous avons, nous, adopté la seconde formule et laissez-moi exprimer l'espérance que, quand la taxe aura été perçue, lorsque, à l'aide de la taxe, ce que nous en attendons, c'est-à-dire l'instruction complète des populations ouvrières françaises, aura donné le plein rendement, ceux mêmes qui sont venus nous contredire dans l'opinion ou à cette tribune nous féliciteront de notre obstination, c'est la seule récompense que j'ambitionne.

Le chiffre? Nous avons d'abord pensé qu'il fallait demander un prélèvement de 0.50 p. 100, parce que, je dois le dire, mes premiers calculs aboutissaient à ce résultat que la totalité du salaire payé en France était de 25 à 27 milliards, ce qui, compte tenu des exonérations, c'est-à-dire défalcation faite des artisans et des petits patrons, réduisait à 18 milliards l'ensemble du salaire assujetti.

La contradiction est venue sur ce point, nombreuse. Je l'ai suivie. Comme je ne prétends pas à l'infaillibilité, je ne fais aucune difficulté pour reconnaître que j'ai cru devoir rectifier mes premiers calculs. En particulier, un article admirablement documenté d'un de nos collègues du Sénat, le docteur CHAUVEAU, paru dans la *Revue politique et parlementaire* du mois de novembre dernier, m'a fait penser que, en effet, j'avais commis une méprise. Me basant sur l'autorité de M. CHAUVEAU et sur les calculs que j'ai faits — la Chambre ne voudra pas que je m'arme d'une ardoise pour parfaire mon raisonnement et j'espère que, sur ce point, elle voudra me faire crédit, puisque aussi bien, je me rectifie moi-même — je crois que l'on peux fixer à 28 milliards la totalité des salaires imposables par notre taxe.

C'est pourquoi le chiffre de 0,50 p. 100 d'abord prévu nous paraît excessif, et d'accord avec M. le Ministre des Finances et avec la commission, je demanderai qu'on réduise à 0.35 p. 100 le taux de la taxe d'apprentissage.

Ce chiffre est-il important? Oui, par le total qu'il nous procure. Est-il si important qu'il puisse constituer vraiment une gêne pour le commerce et pour l'industrie? Non.

Voulez-vous que nous examinions ce que cela va imposer à chaque industriel ? Cela fait 3.500 francs pour un patron qui paye un million de salaires par an. Si vous calculez la moyenne du salaire à 8.000 francs, par exemple, c'est une moyenne que l'on peut admettre, 1 million de francs de salaires représentent l'emploi de 125 ouvriers. Si vous admettez enfin, c'est un calcul usuel, qu'à chaque employé correspondent environ 20.000 francs de chiffre d'affaires, vous aboutissez à ce résultat que l'industriel qui paye 3.500 francs de taxe d'apprentissage a un chiffre d'affaires évaluable à 2.500.000 francs.

Poursuivez le calcul et vous verrez l'incidence : un peu plus d'un millime par franc de chiffre d'affaires.

Quand je compare le bénéfice que j'attends à la charge que j'impose, j'ai le droit de conclure que notre demande est modérée et que la Chambre, je l'espère du moins, s'empressera de l'accuillir. (*Applaudissements.*)

Je dois ajouter qu'il y a des industries, les mines notamment, les chemins de fer, pour lesquelles l'effort sera proportionnellement plus lourd. Pourquoi ?

Vous l'apercevez aussitôt, parce que ce sont là des industries dans lesquelles l'élément main-d'œuvre occupe une place plus importante dans le chiffre des frais généraux. Je reconnais ce défaut d'équité ou, pour employer un terme technique, ce désajustage.

Il ne nous est pas apparu que nous dussions pour autant renoncer à un projet par ailleurs nécessaire. Il fallait chercher le meilleur moyen de corriger dans toute la mesure possible le défaut de rigueur équitable dont nous voulions être les premiers à convenir. C'est pourquoi dans le texte qui vous est soumis ont été prévues des dérogations. C'est qu'il y a, dans toutes les industries et, notamment, dans les industries minières et dans les chemins de fer, des sacrifices et des efforts honnêtement accomplis et qu'il importe de sanctionner. Vous entendez qu'ici je ne veux nommer personne. Et je peux faire appel au témoignage de tous ceux qui s'intéressent à ces questions, ils sont nombreux dans votre Assemblée. Il y a, par exemple, telle compagnie de chemins de fer qui m'a un jour invité à voir ses installations d'apprentissage. J'ai été heureux de proclamer combien cet exemple était louable. Je ne citerai pas telle autre compagnie qui ne verse pas un centime pour l'apprentissage. Estimez-vous que cela soit logique et n'y a-t-il pas là un défaut de probité que l'Etat doit corriger? Ne savez-vous pas que, derrière chaque patron qui fait des apprentis, il y a, embusqué, le patron qui, lui, se dispense d'en faire ?

M. Henri Michel. — Et qui les enlève aux autres quelquefois.

M. le Sous-Secrétaire d'Etat de l'Enseignement technique. — « Je travaille, disait cyniquement l'un d'eux, avec les apprentis des autres. »

Eh bien, réfléchissez ! Que peut-on faire pour empêcher que ce scandale ne continue? Quel moyen peut-on employer pour empêcher que les patrons soucieux d'apprentissage ne s'en désintéressent par le défaut de scrupule de tel concurrent déloyal? Que faire, sinon laisser à l'Etat la responsabilité d'une organisation et d'une perception qui permettra de frapper les uns et d'exonérer les autres ?

Ces exonérations, nous n'avons pas voulu qu'au moment où nous les annoncions on pût croire qu'elles seraient le résultat de quelque fantaisie, de quelque arbitraire gouvernemental. Et là vous retrouverez — aussi bien, c'est mon grand argument de départ — les chambres d'apprentissage, à la création desquelles, depuis de nombreuses années, notre collègue M. Verlot s'est consacré, les chambres d'apprentissage où seraient représentées, suivant la formule paritaire, des éléments patronaux et des éléments ouvriers. C'est donc à ceux qui sont directement intéressés que nous demanderons les indications et que nous apporterons les moyens d'un contrôle susceptible, je pense, de vous rassurer.

Taxe d'Etat, sans doute, taxe qui ne sera pas spécialisée, mais dont le produit total doit aller à une œuvre à laquelle vous ne sauriez être indifférents. Voilà ce que le gouvernement vous demande d'adopter. Vous avez voté un programme. Il faut, pour bâtir, rechercher les matériaux nécessaires. Vous avez admis que tout ce que je vous demandais de faire était indispensable à l'avenir de notre pays. Des dépenses vont suivre. Allez-vous nous refuser les moyens d'accomplir ce que vous avez demandé vous-mêmes? J'ai la certitude, messieurs, que vous ne pécherez pas par ce défaut de logique. En votant la taxe que nous vous avons proposée, vous voudrez vous associer à l'œuvre à laquelle nous nous sommes voués et que nous croyons être une œuvre patriotique par excellence.

On l'a dit depuis bien longtemps, quand un pays est de modeste natalité, il doit du moins lui rester la ressource d'être un pays de cadres. C'est ce que la France peut être demain par une meilleure utilisation de toutes ses forces vives. Elle le sera, si vous le voulez bien, avec le concours de la Chambre tout entière. (Applaudissements à gauche, à l'extrême gauche et sur divers bancs au centre.)

Il nous est impossible de reproduire le compte rendu intégral de la séance du 23 février, qui dépasse de beaucoup le cadre de ce numéro. Mais les principales interventions en restituent la physionomie :

M. About

M. ABOUT. — Messieurs, si nous demandons la disjonction de l'article 24, c'est uniquement pour que la question de l'apprentissage, si importante en soi, si grave pour notre avenir économique, fasse l'objet d'un projet spécial, mûrement étudié, approfondi comme il convient par les commissions parlementaires compétentes, qui recueilleront l'avis autorisé des représentants de la production. (*Très bien! très bien au centre.*)

En votant la disjonction de cet article, excellent dans son principe, la Chambre montrera son désir de voir le montant de la taxe à laquelle devra être assujettie toute personne ou société exerçant une profession industrielle ou commerciale, non pas entrer dans le gouffre du budget et servir aux dépenses générales du Sous-Secrétariat d'Etat de l'Enseignement technique, mais être affecté uniquement au développement de l'apprentissage en France.

Depuis la guerre, nous subissons une crise sérieuse de l'apprentissage. Si nous n'y remédions pas, il sera impossible, d'ici quelques années, de trouver les ouvriers spécialisés indispensables à la vie économique du pays.

Je ne m'étendrai pas sur les origines de cette crise. Chacun les connaît. Je m'efforcerai très simplement de justifier notre demande de disjonction en faisant connaître à la Chambre l'opinion des principaux intéressés.

Personne ne me démentira, j'en suis convaincu, si j'affirme que les milieux industriels et commerciaux ont été très émus à l'annonce du projet gouvernemental. Certains groupements économiques sont allés jusqu'à repousser le principe même de la taxe d'apprentissage. Je pourrais citer les chambres de commerce d'Annonay, de Montpellier, de Nice.

Celle de Nice, en particulier, a émis, dans sa séance du 11 décembre 1924, le vœu « que la taxe d'apprentissage faisant l'objet de l'article 18 du projet de loi de finances pour le budget de 1925... » — article 24 du projet actuel — « ...ne soit pas adoptée par le Parlement; que le budget réel et complet de l'apprentissage soit établi sur des bases solidement étudiées permettant la détermination exacte du montant de la taxe afférente pour la mise en application de la loi du 25 juillet 1919; que le produit de ladite taxe provienne réellement de tous les salaires qui en sont passibles et ne soit pas partiellement affecté à des dépenses d'administration générale incombant à la collectivité. »

La chambre de commerce de Gay et Vesoul, dans sa séance du 27 janvier 1925, a, de son côté, émis le vœu suivant :

« 1° Que l'on évite de compromettre l'œuvre de l'apprentissage par la perception d'une taxe prématurée et exagérée;

« 2° Que le taux de cette taxe obligatoire pour tous soit fixé par les organismes régionaux chargés de l'apprentissage, en limitant au minimum les dépenses nécessaires, et que l'affectation des sommes provenant de cette taxe soit faite par les organismes régionaux;

« 3° Que des réductions soient consenties aux établissements ayant déjà organisé à leurs frais la formation des apprentis. »

Enfin — et je vais arrêter là mes citations en ce qui concerne les chambres de commerce — la chambre de commerce de Lyon, dans sa séance du 22 janvier dernier, a pris la résolution suivante :

« La chambre de commerce émet le vœu que l'article 18 du projet de loi de finances, concernant la taxe d'apprentissage, soit disjoint... »

A droite. — Il faut le dire à M. Herriot.

M. ABOUT. — C'est intentionnellement que je lis cette résolution.

« ...qu'il soit préparé un nouveau projet de loi prévoyant l'organisation de l'apprentissage par des chambres de métiers constituées exclusivement dans une même profession, sous le patronage des chambres de commerce qui seraient autorisées à pourvoir aux dépenses par des taxes appliquées par profession et variables suivant les besoins spéciaux de l'apprentissage ; que le projet soit soumis à l'avis des chambres de commerce, représentants effectifs et légaux des commerçants et des industriels. »

Que pensent, à leur tour, du texte qui nous est soumis, les entrepreneurs du bâtiment ?

Dans le *Journal du bâtiment et des travaux publics,* numéro du jeudi 4 décembre 1924, fut publié un article très intéressant concernant la taxe d'apprentissage. Permettez-moi de vous en lire les passages essentiels :

« Nous avons dit combien a été vive dans les milieux industriels et commerciaux l'émotion causée par le projet de taxe sur l'apprentissage, non point tant à cause de la taxe elle-même, dont le principe était généralement admis par les intéressés, qu'en raison de ce fait que l'Etat prétend s'en attribuer la libre disposition et qu'il tend à la détourner de son objet naturel en l'affectant au payement de de toutes les dépenses de l'enseignement technique, si bien que, sous forme d'une contribution spéciale prélevée en vue d'un cas spécial, on imposerait à l'industrie et au commerce de subvenir à des dépenses d'intérêt général.

« Les commerçants et industriels semblent bien décidés à se défendre contre cette inadmissible prétention. Et c'est ainsi qu'un certain nombre d'entre eux, représentant d'importants groupements professionnels — parmi lesquels figuraient les représentants de notre groupement syndical du bâtiment — se réunissaient, le 20 novembre dernier, sous la présidence de M Pierre RICHEMOND, vice-président de l'Union des industries métallurgiques et minières, dans une salle mise à leur disposition par la chambre de commerce de Paris.

« L'objet de cette réunion était d'examiner les dispositions de l'article 18 du projet de budget instituant la taxe susvisée.

« S'élevant contre le principe d'une taxe d'Etat, dont le produit serait confondu avec les ressources générales du budget, les membres présents ont décidé à l'unanimité de protester contre le nouvel impôt proposé, qui mettrait à la charge d'une fraction de contribuables la totalité des dépenses du Sous-Secrétariat d'Etat de l'Enseignement technique, qui incombent à la collectivité.

« Mais, également convaincus de l'insuffisance des crédits affectés jusqu'à présent à l'apprentissage dans le budget de l'Enseignement technique et de la nécessité vitale pour l'industrie nationale de préparer une main-d'œuvre habile et qualifiée, les membres participant à la réunion ont reconnu qu'il était indispensable, pour atteindre ce but, de procéder à l'organisation complète de l'apprentissage en France et de créer à cet effet des ressources spéciales demandées aux intéressés.

« Après échange de vues, les conclusions suivantes ont été adoptées :

« 1° Est admis le principe d'une contribution obligatoire en faveur de l'apprentissage à demander à tous les employeurs de main-d'œuvre sans exception ;

« 2° La taxe d'apprentissage telle qu'elle est proposée dans l'article 18 du projet de budget est repoussée comme constituant un impôt d'Etat sans affectation déterminée et pouvant être appelée à couvrir des dépenses n'ayant aucun rapport avec l'apprentissage ;

« 3° L'effort à supporter doit être limité aux dépenses normales et œuvres proprement dites d'apprentissage, c'est-à-dire :
« a) Apprentissage à l'atelier ;
« b) Cours d'apprentissage existant dans les écoles jumelées ;
« c) Cours professionnels ;
« d) Ecoles de métiers ;
« e) Ecoles pratiques de commerce et d'industrie.

« Ces charges peuvent être évaluées à une somme d'environ 50 millions ;

« 4° Les charges totales de l'apprentissage étant connues, la création de ressources correspondantes devrait être demandée aux chambres de commerce qui sont seules qualifiées actuellement pour percevoir les centimes additionnels nécessaires sur tous les industriels et commerçants de leurs circonscriptions, sous réserve de modalités spéciales à prévoir en ce qui concerne les mines et les chemins de fer, ainsi que les départements recouvrés.

« Les ressources nécessaires à l'apprentissage pourraient être de cette façon immédiatement constituées en recourant, s'il était nécessaire, à des perceptions obligatoires pour le budget des chambres de commerce.

« 5° Les fonds ainsi recueillis seraient employés exclusivement en faveur de l'apprentissage, soit par les chambres de commerce elles-mêmes, soit par des institutions spécialement créées dans ce but avec leur concours par une loi organique sur l'apprentissage.

« 6° Il est de toute justice d'accorder aux assujettis qui se sont imposé des sacrifices volontaires en faveur de l'apprentissage des exonérations calculées jusqu'à due concurrence des sommes effectivement consacrées par eux à l'apprentissage.

« 7° Le vote d'une loi organique réglementant l'apprentissage en France paraît urgent à tous points de vue. Cette loi serait appelée à préciser notamment les conditions de perception et l'emploi des ressources ci-dessus envisagées. »

De son côté, le conseil central de la Confédération générale de la production française, envisageant le même problème au cours de sa dernière séance, a adopté des conclusions analogues, qu'il a formulées dans le vœu suivant :

« Considérant que la taxe d'apprentissage, dont la création est prévue par la loi de finances, doit gager toutes les dépenses du budget de l'enseignement technique ; qu'elle ne constitue ainsi qu'un nouvel impôt destiné à combler une partie des insuffisances de recettes budgétaires ;

« Qu'en admettant la possibilité de création de ressources spéciales, elles ne devraient servir qu'à acquitter les frais d'enseignement intéressant directement la formation professionnelle des ouvriers et employés de commerce par le développement de l'apprentissage ; qu'elles devraient être établies par une loi organique déterminant notamment les conditions de leur perception et la répartition de leur produit par des organismes autonomes où les employeurs seraient représentés et qui tiendraient compte des besoins des diverses professions et régions ;

« Que la loi organique devrait également régler les exonérations accordées aux entreprises ayant déjà fait des sacrifices financiers pour l'apprentissage,

« La Confédération générale de la production française demande la disjonction de l'article 18 du projet de loi de finances — aujourd'hui l'article 24 de la loi de finances — et le vote d'une loi organique confiant à des établissements publics régionaux, dotés de ressources spéciales, le soin de pourvoir à l'enseignement professionnel des ouvriers et employés de commerce. »

Par cet exposé, la Chambre se rendra certainement compte qu'il y a unanimité chez les commerçants, les industriels et les entrepreneurs, pour protester contre les modalités et les tendances du projet gouvernemental. Il serait possible, je crois, de rallier tous les groupements économiques au principe de la taxe d'apprentissage, mais à la condition expresse que le montant de cette taxe fût uniquement destiné à la formation d'apprentis et que les représentants de la production fussent appelés, concurremment avec ceux de l'Etat, à contrôler l'emploi des crédits.

M. DE MORO-GIAFFERRI, *Sous-Secrétaire d'Etat de l'Enseignement technique*. — Nous sommes d'accord.

M. ABOUT. — En terminant, permettez-moi de vous indiquer que le seul moyen pratique de favoriser l'apprentissage serait de créer des organismes régionaux, dotés de ressources spéciales. Ces organismes détermineraient, d'accord avec les employeurs, les subventions susceptibles d'être accordées à chaque apprenti de première, deuxième ou troisième année, pour parfaire le salaire journalier que le patron peut donner à son apprenti, afin que ce dernier soit en mesure d'apporter au foyer familial sa part de ressources et de bien-être.

M. ROBERT SÉROT. — Très bien !

M. ABOUT. — C'est ainsi que je comprends le problème et c'est sous cet aspect que, par mon amendement, je demande à la Chambre et au gouvernement de l'examiner. (*Applaudissements au centre et à droite.*)

M. Nicolle

M. Louis Nicolle. — Je demande à la Chambre de vouloir bien, au moment où je monte pour la première fois à la tribune, m'accorder son indulgence pour moi-même et sa bienveillance pour l'avis de la commission du commerce, que je suis chargé de lui apporter.

Ma tâche sera grandement facilitée par le fait que la disjonction de l'article vient d'être repoussée. J'avais, en effet, l'intention d'exposer les arguments que j'avais fait valoir devant la commission du commerce en faveur de la disjonction. La commission, tout en accueillant mes arguments, et en s'y déclarant favorable, m'a fait remarquer que nous nous trouvions dans une situation de fait dont elle désirait tenir compte et m'a demandé de modifier mes conclusions en conséquence.

Cette situation de fait tenait surtout à l'état de notre budget. La Chambre, ainsi que M. le Sous-Secrétaire d'Etat le faisait remarquer, a voté les dépenses afférentes à l'enseignement technique et à l'apprentissage, et nous aurions été amenés aujourd'hui à lui demander de ne pas voter les recettes. Ce n'était pas possible.

Dans le moment présent, alors que l'œuvre de la commission et de M. le Ministre des Finances est aussi difficile, la commission du commerce n'a pas voulu enlever une pierre à l'édifice, et m'a donné mandat de présenter à la Chambre un rapport verbal, concluant, purement et simplement, à l'adoption de l'amendement de M. Verlot.

J'ajoute, après les observations de M. About, que, dans le dossier assez considérable que j'avais recueilli, j'avais bien trouvé un grand nombre de protestations et d'avis formellement hostiles à cette taxe ; mais je dois dire que j'avais rencontré aussi un grand nombre de correspondants, même dans les chambres de commerce, qui étaient disposés à accepter cette taxe avec des modalités diverses.

Les améliorations que l'on suggère d'apporter aux propositions du gouvernement et de la commission sont de deux ordres. Les unes visent la quotité de la taxe, les autres la répartition de cette taxe sur les assujettis.

L'évaluation du montant des salaires, que M. le Sous-Secrétaire d'Etat a bien voulu nous donner, modifie quelque peu mon opinion, car, dans l'exposé des motifs du gouvernement, nous avons trouvé une estimation, pour ce montant des salaires, de 20 à 22 milliards.

Je suis tout à fait convaincu, pour ma part, que la somme des salaires payés en France est à peu près de l'ordre du double : on arriverait facilement à prouver que les salaires payés en France s'élèvent à 40 ou 42 milliards.

M. le Sous-Secrétaire d'Etat de l'Enseignement technique. — C'est le chiffre que j'ai indiqué moi-même tout à l'heure.

M. Louis Nicolle. — Nous sommes donc d'accord, et je m'en félicite. Mais vous me permettrez d'en conclure, comme vous l'avez fait vous-même, que le montant de la taxe à 50 centimes p. 100 était beaucoup trop élevé. D'ailleurs, le gouvernement dans son projet avait peut-être imprudemment laissé percer le bout de l'oreille en disant qu'il se félicitait de trouver 30 millions disponibles pour le budget.

Or, parmi les représentants du commerce et de l'industrie qui ont bien voulu m'envoyer leur avis, je trouve une opposition formelle à ce que cette taxe d'apprentissage, sous quelque forme que ce soit, puisse être destinée à autre chose qu'à l'enseignement technique et à l'apprentissage.

Par conséquent, nous considérons que l'enseignement technique et l'apprentissage qui, jusqu'à présent, ont été organisés par des moyens privés ou par des moyens syndicaux, doivent avant tout être consacrés légalement sous une forme ou sous une autre. Je rappelle i l'avis de la chambre de commerce de Lyon, qui a été citée plusieurs fois dans ce débat, et fort justement à mon sens, car elle a fait un travail tout à fait remarquable sur la conception à adopter de l'organisation technique de l'apprentissage. La chambre de commerce de Lyon désire que l'obligation de payer une taxe d'apprentissage soit consacrée légalement ; et c'est très juste, parce que les commerçants qui se tiennent en dehors des chambres syndicales profitent, sans bourse délier, comme on le disait tout à l'heure, des apprentis formés ailleurs. Mais cette chambre de commerce désire aussi que les prélèvements faits par l'Etat soient strictement limités aux besoins auxquels il s'agit de faire face.

Messieurs, je pourrais m'étendre sur la façon de calculer les sommes nécessaires au budget de l'enseignement technique et de l'apprentissage. Mais, après les objurgations de M. le président et de M. le rapporteur général, il serait imprudent, de ma part, de me lancer dans cette dissertation, et si vous le voulez bien, je vous en éviterai l'ennui. (*Très bien! très bien!*)

Je crois pouvoir dire — c'est l'avis de la commission du commerce et c'est aussi le mien — que le taux proposé par M. VERLOT, qui est de 25 centimes p. 100 des salaires, suffira pour subvenir à tous les besoins de l'organisation de l'enseignement technique et de l'apprentissage, tel qu'elle est prévue au budget.

M. le Sous-Secrétaire d'Etat vient de nous parler du taux de 35 centimes. Je suis commerçant et, en cette qualité, je peux employer un terme usuel : qu'il me permette donc de lui dire que c'est un petit marchandage. Je suis convaincu que, tout à l'heure, il acceptera les conclusions de M. VERLOT, que nous avons fait nôtres.

Je crois pouvoir dire à M. le Sous-Secrétaire d'Etat que M. VERLOT a dans ces questions une compétence telle, et qu'il a un tel désir de voir aboutir ces projets, que nous pouvons nous incliner devant son autorité. Je suis donc convaincu que M. le Sous-Secrétaire d'Etat n'insistera pas.

Voilà, en ce qui concerne le taux, les conclusions auxquelles est arrivée la commission du commerce.

Je veux maintenant, messieurs, appeler votre attention sur la question des dérogations. Je crois qu'il faut établir le bien fondé de ces dérogations si l'on veut être équitable.

Les œuvres qui fonctionnent, soit dans les établissements particuliers, soit dans des écoles organisées par des groupements tels que les chambres de commerce — dont on a beaucoup médit et qui, à mon avis, ne le méritent point (*Très bien! très bien! à droite*) — soit de l'initiative des syndicats patronaux qui souvent font une œuvre commune avec les chambres de commerce, à qui en quelque manière les chambres de commerce délèguent leurs pouvoirs, toutes ces œuvres donnent des résultats supérieurs à ceux qu'on imagine généralement. On s'en rendra compte quand on en voudra faire le recensement.

J'ai l'honneur d'appartenir à une région où l'on trouvera, j'en suis convaincu, des exemples probants de ce que je viens de dire. Je ferai, en passant, à M. Uhry le reproche d'avoir un peu médit du patronat.

M. Jules Uhry. — C'est le résultat d'une triste expérience. Donnez aux patrons de ma région les mêmes conseils qu'à ceux de votre région, et j'en serai heureux.

M. Louis Nicolle. — Peut-être ne les avez-vous pas abordés avec le sourire nécessaire? (*Sourires.*)

M. Jules Uhry. — Si! Je les reçois toujours avec le sourire; et ils m'invitent à toutes leurs fêtes. (*Très bien! très bien!*)

M. Louis Nicolle. — Enfin, messieurs, je dois attirer votre attention sur l'addition du mot « sociétés » qu'a proposée M. Verlot au quatrième alinéa, où sont énumérées les personnes imposables pouvant être exonérées partiellement.

Il ne faudrait pas que le texte prêtât à ambiguité. Les personnes morales que sont les sociétés ont fait, comme vous le savez, des efforts considérables pour donner à l'enseignement technique et à l'apprentissage un grand essor chez elles. M. le Sous-Secrétaire d'Etat en a cité des exemples.

M. le Sous-Secrétaire d'Etat de l'Enseignement technique. — Il ne peut y avoir aucune ambiguïté. Nous sommes tout à fait d'accord.

M. Louis Nicolle. — Nous insisterons aussi sur les mots compris au quatrième alinéa proposé par M. Verlot : « soit individuellement, soit collectivement ».

J'en viens à l'observation que j'effleurais tout à l'heure en disant que les chambres de commerce, les syndicats ont fait dans certaines régions des efforts considérables. Il serait profondément injuste qu'on ne tînt pas compte aux ressortissants de ces collectivités des efforts qu'ils ont faits et de l'argent qu'ils déboursent tous les ans pour les besoin de l'enseignement technique et de l'apprentissage. (*Très bien! très bien!*)

J'ai une autre observation à présenter sur la partie de l'amendement de M. Verlot qui concerne les exonérations. Le texte du gouvernement ne prévoit que des « exonérations partielles »; notre honorable collègue envisage des « exonérations partielles ou totales ».

Nous savons combien les efforts ont été considérables dans certains cas et nous pensons que, si les calculs justifient une exonération totale, elle sera accordée. (*Très bien! très bien!*)

M. le Sous-Secrétaire d'Etat de l'Enseignement technique. — Nous sommes d'accord.

Je l'ai déclaré à la tribune et je le maintiens.

M. Louis Nicolle. — En ce qui concerne l'avis du comité départemental, demandé par M. Verlot, nous n'hésitons pas à dire que l'octroi des dérogations ne doit pas être abandonné à un arbitraire quelconque et que personne n'est plus qualifié pour en juger que les commissions départementales qui ont été constituées à cet effet.

M. LE SOUS-SECRÉTAIRE D'ETAT DE L'ENSEIGNEMENT TECHNIQUE. — Les chambres d'apprentissage seront également consultées, dès qu'elles seront constituées.

M. LOUIS NICOLLE. — Vous me permettrez, Monsieur le Sous-Secrétaire d'Etat, de ne pas préjuger l'avenir et de me borner à l'examen du texte en discussion.

M. LE SOUS-SECRÉTAIRE D'ETAT DE L'ENSEIGNEMENT TECHNIQUE. — Cela est prévu dans le texte.

M. LOUIS NICOLLE. — Telles sont les conclusions que je suis chargé de vous présenter au nom de la commission du commerce et de l'industrie et qui, vous le voyez, sont en faveur de l'adoption de l'amendement de M. VERLOT.

Il me reste à appeler votre attention sur quelques brèves observations que je désire vous soumettre, en mon nom personnel, à propos du dernier paragraphe de l'exposé sommaire rédigé par M. VERLOT à l'appui de son amendement.

Notre honorable collègue y exprime ses regrets de ne pouvoir introduire dans la loi de finances le texte qu'il a préparé et qu'il se propose de déposer prochainement sur l'organisation de l'enseignement professionnel.

Je partage ses regrets. Et j'espère, moi aussi, qu'avant peu la Chambre sera appelée à discuter le statut de l'enseignement de nos jeunes collaborateurs du commerce et de l'industrie.

La très longue enquête que j'ai faite aussi bien que les notions que j'ai pu recueillir au cours de ma carrière me donnent à penser que les formules que nous votons aujourd'hui ne peuvent être que transitoires. Les chambres de commerce — dont on a tant parlé et dont je m'honore de faire partie — soit individuellement, soit dans leur ensemble, par l'organe de leurs assemblées et de leurs présidents, ont revendiqué, en vertu de leurs statuts organiques, le droit d'organiser l'enseignement technique et l'apprentissage.

On ne peut méconnaître l'avantage considérable d'une semblable solution. Je pense, en effet, que l'exercice des professions industrielles et commerciales commande un enseignement régional beaucoup plus qu'un enseignement national.

Dans le vaste problème de l'éducation, il faut établir entre les divers degrés ou les diverses natures d'enseignement les distinctions nécessaires. Qu'il s'agisse de l'enseignement supérieur et même de l'enseignement secondaire, après avoir établi entre le classique et le moderne la distinction qui, dans cette enceinte, a fait l'objet de débats élevés, on peut donner à tous les jeunes gens de France des leçons semblables, sinon identiques.

Le problème est déjà plus complexe, quand il s'agit de l'enseignement primaire, car j'estime qu'il doit se différencier, suivant qu'il se donne à la ville ou à la campagne, dans une partie de la France ou dans une autre.

L'enseignement technique et, surtout, l'apprentissage — ces deux termes que l'on ne distingue pas assez dans cette discussion technique — ne peuvent pas être soumis au même statut et il faudra que, dans nos délibérations, nous tenions le plus grand compte de cette nécessité.

En ce qui concerne l'enseignement technique et l'apprentissage, il faut se conformer aux nécessités pratiques de chaque région. Ceux d'entre nous — je cite cet exemple en passant — qui ont entendu la leçon de M. Jean BRUNHES sur « les toits d'Alsace et de Lorraine » ont bien le droit de penser que l'instruction professionnelle d'un charpentier d'Alsace ne peut pas être la même que celle d'un charpentier de Lorraine et que l'on ne peut pas donner les mêmes leçons à un maçon qui se sert de briques du Nord qu'à celui qui emploie les granits du Limousin. (*Très bien! très bien!*)

M. JEAN MOLINIÉ. — C'est exact. Il y a un régionalisme professionnel.

M. LE SOUS-SECRÉTAIRE D'ETAT DE L'ENSEIGNEMENT TECHNIQUE. — Je n'ai jamais soutenu le contraire.

M. LOUIS NICOLLE. — Aussi je ne le prétends pas.

S'il m'est permis d'insister, messieurs, j'attirerai votre attention sur les conditions si différentes du travail dans nos centres, où la main-d'œuvre industrielle est si dense et si spécialisée dans la conduite des machines, et dans les centres agricoles, où l'enseignement professionnel concerne presque exclusivement la main-d'œuvre du bâtiment et de toutes les petites industries.

M. LE SOUS-SECRÉTAIRE D'ETAT DE L'ENSEIGNEMENT TECHNIQUE. — Naturellement.

M. LOUIS NICOLLE. — Ne pensez-vous pas qu'il serait équitable de chercher à ventiler les dépenses afférentes à l'enseignement professionnel et à l'apprentissage et à examiner dans quelle proportion la masse des salaires de toute une région doit servir à payer l'apprentissage dans d'autres régions, les régions rurales de la France, en particulier ?

Si cette doctrine est fondée, elle nous obligera quelque jour à entendre la voix des chambres de commerce...

M. JULES UHRY. — Prenez garde au particularisme !

M. LOUIS NICOLLE. — ...qui revendiquent avec obstination le droit d'organiser l'enseignement technique...

M. JULES UHRY. — Et surtout de ne rien faire.

M. LOUIS NICOLLE. — ...qu'elles considèrent plutôt comme un devoir à remplir. (*Interruptions à l'extrême gauche.*)

M. LE SOUS-SECRÉTAIRE D'ETAT DE L'ENSEIGNEMENT TECHNIQUE. — Oh !

M. LOUIS NICOLLE. — Ne souriez pas, Monsieur le Sous-Secrétaire d'Etat. Je vous assure que c'est leur sentiment intime.

M. JULES UHRY. — Elles n'ont rien fait depuis dix ans.

M. LOUIS NICOLLE. — C'est possible ; mais peut-être n'en ont-elles pas eu les moyens, ou leur statut n'a-t-il pas été ce qu'il aurait dû être.

Je souhaite que nous leur en confiions le soin et que le jour vienne où les chambres de commerce, au moyen de leurs ressources propres substituées au produit de la taxe d'apprentissage, pourront, suivant le génie de leur province et sous le contrôle de l'Etat, organiser ou aider à organiser l'enseignement technique.

Pour l'instant, je ne demande pas tant. Aujourd'hui, nous devons réaliser l'entreprise du gouvernement, pour laquelle je vous demande de voter les crédits nécessaires. (*Très bien! très bien!*)

J'espère qu'à ceux qui, comme moi, ont, tout en y restant fermement fidèles, abandonné un moment leur conception pour aider le gouvernement dans sa tâche difficile, il sera tenu compte, plus tard, de leur effort de conciliation. (*Très bien! très bien!*)

M. Verlot

M. CONSTANT VERLOT. — M. le rapporteur général a demandé aux orateurs de s'exprimer en style télégraphique. Je ne suis pas avocat, mais j'essayerai de déférer à son désir.

J'ai déposé, il y a douze ans, une proposition de loi dans laquelle figuraient déjà des dispositions relatives à une taxe d'apprentissage. Si aujourd'hui je viens me rallier au texte présenté par M. le Sous-Secrétaire d'Etat de l'Enseignement technique et approuvé par la commission des finances, je vais vous en donner les raisons.

Tout d'abord, messieurs, cette question de la taxe d'apprentissage et de l'enseignement professionnel n'est pas une innovation.

Dans son intervention, M. UHRY a rappelé qu'il y a onze à douze ans, notre ancien collègue M. Jules COUTANT avait déposé une proposition de loi tendant à opérer un prélèvement sur la force motrice, par la création d'une taxe par cheval-vapeur, machine à vapeur, machine hydraulique, machine à air comprimé, moteur électrique, moteur à gaz, à pétrole et à alcool, pour aider aux frais de première installation et de premier établissement, construction, outillage, etc., nécessités par la création de l'enseignement professionnel.

M. CHARLES BARON. — Quand il s'agit d'une bonne idée, on vient la chercher dans les propositions socialistes.

M. LE PRÉSIDENT. — La modestie devrait vous pousser à ne pas vous en souvenir. (*Sourires.*)

M. LEFAS. — Ce sont les congrès commerciaux qui ont, les premiers, émis cette idée en 1907.

M. CONSTANT VERLOT. — Je rends hommage aux idées intéressantes et utiles, de quelque côté de la Chambre qu'elles viennent.

A cette époque, j'ai été désigné, par la commission du commerce et de l'industrie, comme rapporteur de la proposition de loi de M. ASTIER et du projet de loi que M. DUBIEF avait déposé au nom du gouvernement.

J'ai inséré, dans le texte, des dispositions relatives, je le répète, à la taxe, qui était basée, à cette époque, sur l'impôt des patentes. On ajoutait, au principal de la patente, un certain nombre de centimes déterminé, et la cotisation de chaque assujetti était obtenue en multipliant le produit de ces centimes par un coefficient basé sur le nombre de personnes habituellement employées dans chaque exploitation.

Mon rapport, comme on l'a dit à cette tribune, n'a pas été discuté. Voici pourquoi :

A ce moment-là, l'honorable M. CLÉMENTEL était Ministre du Commerce. Nous étions en période de guerre. M. Clémentel se préoccupait déjà de la rénovation de l'apprentissage et du fonctionnement de notre enseignement professionnel pour la formation des cadres de l'industrie et du commerce. Il voulait faire voter le plus tôt possible cette loi, qui constitue, comme on l'a dit, la charte de notre enseignement professionnel. Il m'a demandé, et j'ai convaincu à mon tour la commission du commerce, d'accepter le texte du Sénat, afin d'aller vite et d'aboutir.

M. le Ministre des Finances. — C'est exact.

M. Constant Verlot. — J'ai accepté, tout en me réservant de déposer deux propositions de loi : l'une tendant à reviser certains articles de la loi de 1851 sur l'apprentissage, l'autre relative à la création d'une taxe.

Le rapport que j'ai déposé alors sur cette dernière proposition, . vous l'avez dit, Monsieur Walter, n'a pas encore été examiné par la Chambre.

Quant aux dispositions tendant à modifier la loi de 1851, qui régit encore l'apprentissage en France, elles ont été rapportées au cours de l'avant-dernière législature par notre ancien collègue M. Lerolle, elles ont été votées par la Chambre et elles dorment depuis cinq ans dans les cartons du Sénat.

La taxe prévue alors aurait produit une somme d'environ 10 millions. Ce serait insuffisant, puisque le programme que vous avez voté dans le budget des dépenses comporte une recette de 100 millions.

Des orateurs ont cité à la tribune les opinions de certains présidents de chambres de commerce. Voulez-vous me permettre de vous donner très brièvement quelques-unes des consultations que j'ai pu faire à mon tour ?

Nous disions aux patrons : La formation des apprentis constitue presque toujours une charge pour le patron; n'est-il pas équitable de faire payer une taxe aux chefs d'établissement qui se refusent à l'assumer et qui, quelquefois, ravissent les apprentis formés par leurs confrères ?

Des patrons me répondirent que les intéressés devaient participer de gré ou de force à la rénovation de l'apprentissage et qu'il fallait instituer une pénalité pour les patrons qui ne veulent pas former d'apprentis ou qui n'en forment pas en quantité proportionnée au nombre des ouvriers qu'ils emploient.

La corporation des boulangers-pâtissiers du Nord demande que tout patron ayant un ouvrier soit tenu de former un apprenti et que celui qui en occupe plusieurs forme un apprenti par deux ouvriers, ou il serait tenu de payer une taxe de remplacement proportionnée au nombre d'apprentis qu'il devrait faire.

Même opinion dans les corporations des menuisiers, des peintres en voiture, des ébénistes, ainsi qu'à la fédération des travailleurs du livre.

Le président de la société régionale des architectes du Nord de la France à Lille nous écrit :

« Nous sommes en parfaite communion d'idées avec vous au sujet de l'apprentissage. Il faut que l'apprentissage revive, c'est une question primordiale, et pour cela les intéressés doivent y participer de gré ou de force. Il faut une pénalité pour les patrons qui ne voudront pas former d'apprenti ou qui n'en formeront pas en quantité proportionnelle au nombre des ouvriers qu'ils emploient. »

Un autre correspondant m'écrit : « La contribution que vous préconisez sera une arme indispensable contre l'égoïsme de certains patrons. On évitera ainsi le découragement des bonnes volontés. Nous estimons que la caisse d'apprentissage, augmentée ainsi par le produit de cette taxe, pourra servir efficacement à récompenser les ouvriers et les apprentis et viendra en aide aux parents nécessiteux qui auront dû s'imposer des privations pour apprendre un métier à leurs enfants. »

Enfin, M. ROUVIÈRES, directeur des ateliers des constructions électriques, à Jeumont, nous donnait son adhésion dans les lignes suivantes :

« Je voudrais, vu la mentalité de beaucoup de patrons, que l'on arrivât à donner au patron une prime pour chaque apprenti formé. Pour payer ces primes, l'Etat devrait percevoir un impôt spécial sur tous les patrons et par homme adulte occupé. De la sorte, tous les intéressés payeraient, car il est inadmissible que les charbonniers ne payent pas, sous prétexte que pour eux la question ne se pose pas, car qui consomme leur charbon, si ce n'est l'industrie en général, qui, elle, a besoin d'apprentis ? »

M. LE SOUS-SECRÉTAIRE D'ETAT DE L'ENSEIGNEMENT TECHNIQUE. — Très bien !

M. CONSTANT VERLOT. — Je limite là mes citations, mais il fallait qu'elles fussent produites à la tribune, pour répondre à certaines affirmations apportées ici. (*Très bien ! très bien !*)

Je regrette que le budget des dépenses ait été discuté avant le budget des recettes. Il aurait mieux valu intervertir. (*Très bien ! très bien ! à droite et au centre.*)

Au surplus, il serait désirable que les organismes dont nous sommes très nombreux à souhaiter la création pussent être édifiés grâce au vote de deux propositions de loi dont les rapports vont vous être présentés dans quelques jours.

La première de ces propositions, déposée dans l'ancienne législature par l'honorable M. COURTIER, devenu sénateur, est rapportée aujourd'hui par M. DUVAL-ARNOULD, avec lequel je suis en plein accord.

M. DUVAL-ARNOULD. — Parfaitement.

M. CONSTANT VERLOT. — Je m'étais opposé à l'adoption **sans débat** de cette proposition, qui avait été inscrite à l'ordre du jour. J'ai retiré mon opposition, pour permettre le vote de ce texte que réclame l'artisanat français, après, je le répète, m'être mis en complet accord avec le rapporteur de la commission du travail. (*Applaudissements.*)

M. DUVAL-ARNOULD. — Je vous en remercie bien sincèrement.

M. CONSTANT VERLOT. — L'autre proposition dont je parle a été, quoi qu'on en dise, mûrement étudiée, au cours de la dernière législature, par la commission de l'enseignement. Cette proposition porte mon nom, mais elle n'est pas mon œuvre personnelle, elle est l'œuvre d'une commission qui a été constituée par M. Gaston VIDAL et dans laquelle l'homme qui est la cheville ouvrière de l'enseignement technique en France, M. LABBÉ (*Applaudissements*), auquel on a rendu tout à l'heure un hommage mérité, a joué le rôle principal.

Il a voulu que le texte élaboré par cette commission spéciale soit soumis au conseil supérieur de l'Enseignement technique, qui s'est entouré d'un certain nombre de compétences patronales et ouvrières.

C'est ce texte, rapporté au cours de la dernière législature par M. MAROT, que j'ai été chargé par la commission de reprendre. Je vais déposer dans quelques jours mon rapport, car j'attends le vote de la Chambre pour y insérer les dispositions relatives aux ressources budgétaires. (*Très bien! très bien!*)

Ce texte a pour objet, d'une part, de créer, dans chaque département autant que possible, des chambres d'apprentissage composées, comme l'a dit M. le Sous-Secrétaire d'Etat, sur le mode paritaire, dans lesquelles les patrons, les artisans, les contremaîtres et les ouvriers auront une représentation équitable ; d'autre part, de créer des conseils de métiers qui seront à la base du recrutement de ces chambres d'apprentissage et de donner aux chambres d'apprentissage les moyens de faire fonctionner la caisse d'apprentissage, alimentée par la taxe qui vous est proposée.

. . . .

M. VERLOT *demande ensuite la réduction de la quotité de la taxe à 0.25 0/0 — ce qu'il n'obtient pas — et l'assurance que le produit de la taxe sera exclusivement consacré à l'apprentissage et à l'enseignement technique — assurance que lui donne formellement M. le Ministre des Finances.*

. . . .

Je convie tous mes collègues, à quelque parti qu'ils appartiennent, car cette question de l'enseignement technique et de l'apprentissage est une question nationale au premier chef, à se rallier autour de mon amendement, afin de donner une plus grande autorité à M. le Sous-Secrétaire d'Etat et à M. le Ministre des Finances lorsqu'ils soutiendront ce texte devant le Sénat.

De cette question de l'apprentissage et de l'enseignement professionnel, je l'ai déjà dit ici au cours de différentes discussions budgétaires, dépend, pour une bonne part, la vitalité du pays. Elle est l'une des formes, et non la moins urgente, de la défense et de l'action nationales. Je prie donc tous mes collègues de bien vouloir se rallier à l'amendement que j'ai déposé. (*Vifs applaudissements sur de nombreux bancs.*)

Le Rédacteur en chef, Gérant : R. MORTIER

Imp. DESHAYES, 83, rue de la Santé, Paris (XIIIᵉ).

PRIX DE L'ABONNEMENT

Un an — France. . . . . . . 20 francs.
Union postale . . . 24 francs.

AVIS IMPORTANT

Nous prions les membres de l'Association qui n'ont pas encore acquitté leur cotisation de l'année 1925, de vouloir bien en adresser le montant, soit 20 francs, à notre Agent-comptable M. RAGUIN, 45, rue Thiers à Nogent-sur-Marne (Seine).

Nous rappelons que les versements peuvent être effectués par chèque postal au compte de M. RAGUIN n° 385.67.

BUREAU DE L'ASSOCIATION

ANCIENS MEMBRES AUXQUELS A ÉTÉ CONFÉRÉ L'HONORARIAT

Président honoraire : M. Modeste Leroy, ancien député, président du Conseil général de l'Eure.

Secrétaires généraux honoraires : M. E Paris, inspecteur général de l'Enseignement technique.

M. P. Anglès, directeur de l'Ecole commerciale de Paris (avenue Trudaine).

M. Corre, directeur de l'Ecole Nationale des Arts et Métiers de Paris.

M. Quilliard, ancien élève de l'Ecole de Physique et de Chimie industrielles de Paris, inspecteur régional de l'Enseignement technique.

BUREAU EN EXERCICE [1]

PRÉSIDENT

1925 M. Dron, ancien maire de Tourcoing, sénateur du Nord.

VICE-PRÉSIDENTS

MM.

1925 Bouquet (Louis), ancien conseiller d'Etat, directeur honoraire du Conservatoire National des Arts et Métiers.

1925 Charabot, industriel, professeur à l'Ecole des Hautes Etudes commerciales, inspecteur départemental de l'Enseignement technique.

1927 Portevin (Hippolyte), ancien élève de l'Ecole Polytechnique, architecte à Reims inspecteur régional de l'Enseignement technique.

1929 Merlant, député, industriel, inspecteur régional de l'Enseignement technique.

1929 Vandier, industriel, inspecteur départemental de l'Enseignement technique.

SECRÉTAIRE GÉNÉRAL

1929 M. Zwobada (Félix), entrepreneur, inspecteur départemental de l'Enseignement technique.

SECRÉTAIRE GÉNÉRAL ADJOINT

1925 M. Coudray, professeur à l'Ecole des Hautes Etudes commerciales, à l'Ecole Supérieure de Commerce.

TRÉSORIER

1927 M. Dufourcq-Lagelouse, banquier à Paris, inspecteur départemental de l'Enseignement technique.

MEMBRES DU COMITÉ

1925 Mme Aine-Monteillé.

1927 M. Barbeau, directeur de l'Ecole commerciale de Paris (rive gauche).

1929 M. Bertin (E.), délégué général adjoint de la Fédération nationale du Bâtiment et des Travaux publics.

1925 Mme Bourgeois, inspectrice de l'Enseignement professionnel des jeunes filles de la Ville de Paris.

1929 M. Burnier, directeur de l'Ecole des Hautes Etudes commerciales, à Paris.

1927 M. Chaumat, professeur au Conservatoire national des Arts et Métiers.

1929 M. Chapoulié, inspecteur général des Arts appliqués.

1925 M. Danis, administrateur délégué de l'Ecole professionnelle de Nancy, inspecteur départemental de l'Enseignement technique.

1925 M. Delmas, ingénieur-architecte, professeur honoraire à l'Ecole Centrale, inspecteur régional de l'Enseignement technique.

1929 M. Delottre, entrepreneur au Cateau (Nord).

1927 M. Eyrolles, directeur de l'Ecole spéciale des Travaux publics.

1925 M. Fenteeau, directeur du Service de l'Enseignement technique au Haut-Commissariat de la République française à Kaiserslautern.

1925 M. Gabelle, directeur du Conservatoire National des Arts et Métiers

1929 M. Gaillard (H.), industriel, membre de la Chambre de Commerce de Paris.

1929 M. Grangé, industriel, ancien vice-président du Syndicat des Mécaniciens, Chaudronniers et Fondeurs de France, inspecteur départemental de l'Enseignement technique.

1927 Mme Kaan, inspectrice générale honoraire de l'Enseignement technique.

1929 M. Kula, industriel.

1927 M. Labbé, directeur de l'Enseignement technique.

1929 M. Noël, sénateur de l'Oise, directeur honoraire de l'Ecole centrale des Arts et Manufactures.

1927 M. Nicolle, filateur à Lille.

1929 M. Quantin (J.), ingénieur civil des Mines, vice-président du Syndicat des Mécaniciens, Chaudronniers et Fondeurs de France, inspecteur régional de l'Enseignement technique.

1925 M. Roger, inspecteur général de l'Instruction publique.

X...

AGENT GÉNÉRAL DE L'ASSOCIATION

M. Bocquillon, directeur d'Ecole.

AGENT COMPTABLE

M. Raguin, Secrétaire administratif de la Chambre syndicale du Papier, 45, rue Thiers, à Nogent-sur-Marne.

RÉDACTEUR EN CHEF DE LA REVUE

M. Mortier, ancien Conseiller technique du Sous-Secrétariat d'Etat de l'Enseignement technique.

---

[1] Les millésimes inscrits à la gauche des noms indiquent la date de l'expiration des pouvoirs de chaque membre du Comité.

LA PREMIÈRE VOITURE FRANÇAISE CONSTRUITE EN GRANDE SÉRIE
5 HP   10 HP
LE
DOUBLE CHEVRON
SIGNIFIE
ECONOMIE
SOLIDITÉ
CONFORT
CITROËN